普通高等教育医学类系列教材

医学细胞生物学实验指导及复习思考题

第 2 版

主　编　白晓春　邓　凡
副主编　杨翠兰
编　者　（以姓氏笔画为序）

王　茜（大连医科大学）	王春涛（牡丹江医学院）
邓　凡（南方医科大学）	邓　宁（暨南大学）
白晓春（南方医科大学）	刘　伟（华南理工大学）
牟贤波（宁波大学）	杜　乐（海南医学院）
李　靖（广州医科大学）	杨翠兰（南方医科大学）
吴艳瑞（昆明医科大学）	宋　军（福建医科大学）
张云香（川北医学院）	罗深秋（南方医科大学）
郑　旭（大连医科大学）	胡传银（广东医科大学）
柯志勇（南方医科大学）	唐　勇（暨南大学）
唐泽丽（广西医科大学）	黄清松（广东药科大学）
章　欢（川北医学院）	熊　晔（徐州医科大学）

科学出版社
北京

内 容 简 介

本书由两部分内容组成。第一部分介绍19个医学细胞生物学常用的实验方法，具体内容包括普通光学显微镜、荧光显微镜、激光扫描共聚焦显微镜的结构和使用；细胞的显微、超微结构观察；细胞组分的分离；细胞中脂类、糖类等物质的显示和观察方法；细胞无丝分裂与有丝分裂；细胞吞噬；细胞计数及细胞培养技术等。第二部分编写了医学细胞生物学专业的一些复习思考题及选择题的参考答案。

本书可供医学本科生、专科生使用，相关专业的研究生也可参考。

图书在版编目（CIP）数据

医学细胞生物学实验指导及复习思考题/白晓春，邓凡主编. —2版. —北京：科学出版社，2023.6
普通高等教育医学类系列教材
ISBN 978-7-03-074478-4

Ⅰ.①医… Ⅱ.①白…②邓… Ⅲ.①医学–细胞生物学–实验–高等学校–教学参考资料 Ⅳ.① Q2-33

中国版本图书馆 CIP 数据核字（2022）第 252461 号

责任编辑：胡治国/责任校对：宁辉彩
责任印制：霍 兵/封面设计：陈 敬

科学出版社 出版
北京东黄城根北街 16 号
邮政编码：100717
http://www.sciencep.com
三河市宏图印务有限公司印刷
科学出版社发行 各地新华书店经销

*

2012 年 5 月第	一	版	开本：787×1092 1/16
2023 年 6 月第	二	版	印张：6 3/4
2024 年11月第二十六次印刷			字数：181 000

定价：29.80 元
（如有印装质量问题，我社负责调换）

前　言

　　本书是在第 1 版的基础上修订而成。与第 1 版比较，主要有下述改进：一是编写人员有较大的变动，本书主要邀请了在实验教学中有丰富经验的教师参加；二是所编内容实用性更强，学生易于理解；三是实验的数量比上一版减少了 2 个，个别实验方法基于现实客观原因，绝大部分学校难以开展；四是第 1 版中将彩图全都集中在书的后面，这样虽可以节省一些成本，但学生看书时还是不太方便，所以，本次改版将彩图以二维码形式直接插入到具体实验中；五是扩充了复习思考题的数量。据调查，每年学生都对复习思考题很感兴趣而且反映题量偏少，为了满足学生的要求，罗深秋、白晓春、邓凡及杨翠兰四位教师重新对复习思考题进行了整理，特别是选择题部分，约增加了 1/3 的题量。

　　综上，通过此次改版实验教材，结合理论教材的出版，紧扣立德树人的根本任务，加强整体设计和系统梳理，做到内容准确、思路清晰、重点突出，将科技发展的新观点和新论断融入教材、融入实践，希望能助力提升医学生的动手能力、实验中分析和解决问题的能力。本教材充分贯彻党的二十大报告中关于教育、科技、人才是全面建设社会主义现代化国家的基础性、战略性支撑思想，一方面不断提高师资队伍素质，开展高等教育基础医学、临床医学等相关专业现代化发展，另一方面也要为学生的实践探究提供新的学习空间，深入实施科教兴国、人才强国、创新驱动发展。

　　在本书编写过程中，科学出版社一直给予鼓励和支持，一些单位和个人也为我们提供了一些照片，在此表示感谢。由于编者水平有限，书中难免有疏漏之处，恳请大家予以批评指正。

　　本书彩图请扫描二维码观看。

白晓春　邓　凡
2022 年 3 月

目　　录

第一部分　医学细胞生物学实验 ··· 1

实验一　普通光学显微镜的结构和使用 ·· 1
实验二　荧光显微镜的结构和使用 ·· 6
实验三　激光扫描共聚焦显微镜的结构和使用 ····································· 8
实验四　石蜡切片与苏木精-伊红染色 ·· 14
实验五　细胞基本形态和结构 ·· 16
实验六　细胞组分的分离技术 ·· 22
实验七　细胞超微结构 ··· 27
实验八　细胞中 DNA、RNA 的染色观察 ·· 36
实验九　细胞活体染色和观察 ·· 40
实验十　细胞计数 ·· 42
实验十一　细胞中糖、脂的显示方法 ·· 45
实验十二　吖啶橙染色检测细胞凋亡 ·· 48
实验十三　免疫荧光法检测细胞骨架 ·· 51
实验十四　聚乙二醇介导的细胞融合 ·· 53
实验十五　细胞吞噬 ·· 55
实验十六　细胞的无丝分裂与有丝分裂 ··· 57
实验十七　减数分裂 ·· 60
实验十八　染色体的制备和核型分析 ·· 65
实验十九　小鼠成纤维细胞的原代培养 ··· 77

第二部分　复习思考题及选择题参考答案 ································· 85

第一章　绪论 ··· 85
第二章　细胞的概念和分子基础 ·· 85
第三章　医学细胞生物学研究方法 ··· 86
第四章　细胞膜 ·· 87
第五章　细胞连接和细胞外基质 ·· 88
第六章　细胞内膜系统及囊泡转运 ··· 90
第七章　线粒体 ·· 91
第八章　细胞骨架 ··· 93

第九章　细胞核 ………………………………………………………………… 95
第十章　基因表达及调控 ………………………………………………………… 96
第十一章　细胞分裂与细胞周期 ………………………………………………… 97
第十二章　细胞信号转导 ………………………………………………………… 99
第十三章　细胞分化 ……………………………………………………………… 99
第十四章　细胞的衰老与死亡 ………………………………………………… 100
第十五章　干细胞 ……………………………………………………………… 101
第十六章　细胞工程（自学） ………………………………………………… 102

第一部分　医学细胞生物学实验

实验一　普通光学显微镜的结构和使用

【实验目的】

1. 了解普通光学显微镜的构造及成像原理。
2. 掌握低倍镜和高倍镜的正确使用方法。
3. 学习生物绘图的方法。

【实验原理】

普通光学显微镜主要由物镜和目镜组成，均为凸透镜。物镜的焦距（f_1）短，目镜的焦距（f_2）长。物镜到标本（AB）的距离稍大于物镜（Lo）的焦距，标本经物镜放大后，形成放大倒立的实像 A′B′，实像 A′B′ 是目镜的物体，它位于目镜的焦点以内，所以 A′B′ 经目镜（Le）再次放大后，形成放大的虚像 A″B″（图1-1）。

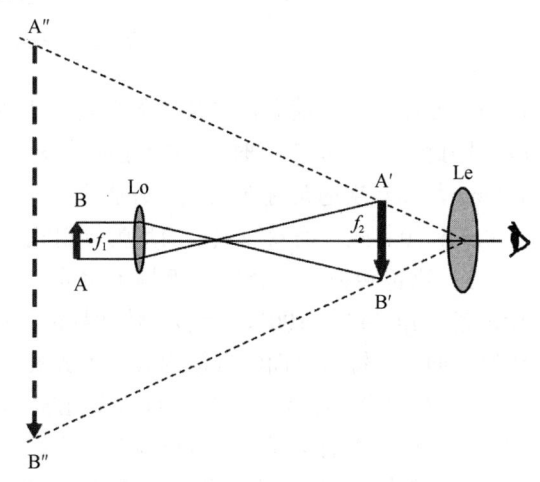

图1-1　普通光学显微镜成像原理图

【实验物品】

1. **材料**　字片、红绿羊毛交叉片、人血涂片、玻片标本等。
2. **器材和仪器**　显微镜、擦镜纸。
3. **试剂**　香柏油、二甲苯（或乙醚-乙醇混合液，比例为2∶3）。
4. **绘图工具**　HB、3H 或 2H 铅笔，软橡皮，直尺，实验报告纸。

【实验操作】

（一）光学显微镜的构造及使用

1. 光学显微镜的构造　普通光学显微镜由机械部分、照明部分和光学部分组成（图1-2）。

（1）机械部分：包括镜座、镜臂、镜筒、物镜转换器、载物台、推动器、粗/细准焦螺旋、电源/亮度调节旋钮等部件。

1) 镜座与镜臂：是显微镜的基本支架。在它上面连接有载物台和镜筒，它是用来安装光学放大系统部件的基础。镜座和镜臂起稳定和支撑整个显微镜的作用。

2) 镜筒：上接目镜，下接物镜转换器，形成目镜与物镜（装在物镜转换器上）间的暗室。从物镜的后缘到镜筒尾端的距离称为机械筒长。因为物镜的放大率是对一定的

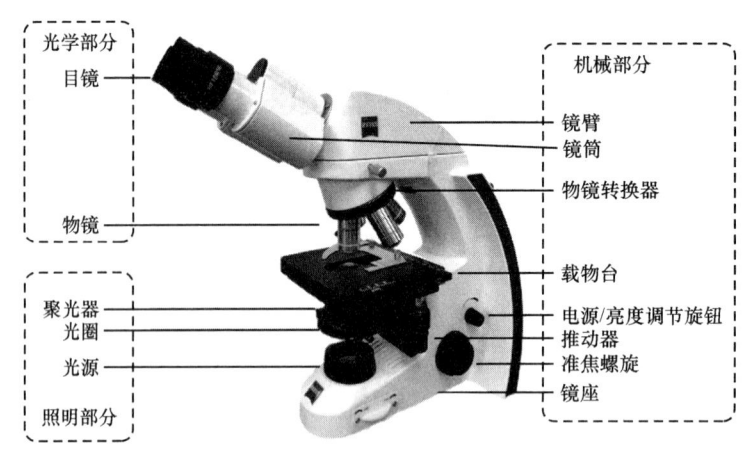

图 1-2 普通光学显微镜

镜筒长度而言的。随着镜筒长度的变化，不仅放大率随之变化，而且成像质量也受到影响。因此，使用显微镜时，不能任意改变镜筒长度。国际上将显微镜的标准筒长定为 160mm，此数字通常标在物镜的外壳上。镜筒有单筒式、双筒式两种，单筒式镜筒又分直立式和倾斜式，而双筒式镜筒均为倾斜式。

3）物镜转换器：物镜转换器上可安装 3～4 个接物镜，一般是 4 个物镜（4×镜、10×镜、40×镜与 100×油镜）。转动物镜转换器，可以按需要将其中的任何一个物镜和镜筒接通，与镜筒上面的目镜构成一个放大系统。

4）载物台：中央有一孔，为光线通路。在台上装有弹簧标本夹和推动器，其作用为固定或移动标本的位置，使得镜检对象恰好位于视野中心。

5）推动器：是移动标本的机械装置，由一横一纵两个推进齿轴的金属架构成，有的显微镜在纵横架杆上刻有刻度标尺，构成很精密的平面坐标系。如果我们需重复观察已检查标本的某一部分，在第一次检查时，可记下纵横标尺的数值，以后按数值移动推动器，就可以找到原来标本的位置。

6）粗/细准焦螺旋：粗准焦螺旋和细准焦螺旋是共轴的。粗准焦螺旋是移动镜筒调节物镜和标本间距离的机件，右手向前转载物台上升，让标本接近物镜；反之则下降，标本远离物镜。用粗准焦螺旋只可以粗放地调节焦距，要得到清晰的物像，需要用细准焦螺旋做进一步调节。细准焦螺旋每转一圈镜筒移动 0.1mm（100μm）。

7）电源/亮度调节旋钮：用于开启光源和调节光源的亮度。

（2）照明部分：安装在载物台的下方，由光源、聚光器和光圈组成。

1）光源：较早的普通光学显微镜是用自然光检视物体，镜座上装有反光镜。反光镜由一平面和另一凹面的镜子组成，可以将投射在它上面的光线反射到聚光器透镜的中央，照明标本。不用聚光器时用凹面镜，凹面镜能起汇聚光线的作用。用聚光器时，一般都用平面镜。电光源普通光学显微镜没有反光镜，而在显微镜镜座上装有光源，并有电流调节螺旋，可通过调节电流大小调节光照强度。

2）聚光器：在载物台下面，是由一组聚光透镜和升降螺旋组成的。其作用是将光线聚焦于标本上，以得到最强的照明，使物像明亮清晰。聚光器的高低可以调节，从而使焦点落在被检物体上，以得到最大亮度。一般聚光器的焦点在其上方1.25mm处，而其上升限度为载物台平面下方0.1mm。因此，要求使用的载玻片厚度应在0.8～1.2mm，否则被检标本不在焦点上，影响镜检效果。

3）光圈：聚光器前透镜组前面还装有虹彩光圈，它可以开大和缩小，控制通过的光量，从而影响成像的分辨力和反差，若将虹彩光圈开放过大，超过物镜的数值孔径时，便产生光斑；若收缩虹彩光圈过小，分辨力下降，反差增大。因此，在观察时，通过虹彩光圈的调节再把视场光阑（带有视场光阑的显微镜）开启到视场周缘的外切处，使不在视场内的物体得不到任何光线的照明，以避免散射光的干扰。

(3) 光学部分

1）目镜：安装在镜筒上端，为双筒目镜，通常用10×的目镜。

2）物镜：安装在镜筒前端转换器上的接物透镜利用光线使被检物体第一次成像，物镜成像的质量，对分辨力有着决定性的影响。一般有3～4个物镜（图1-3），通常在物镜上标有主要性能指标——放大倍数和数值孔径，如4/0.1、10/0.25、40/0.65和100/1.25。

图1-3 普通光学显微镜物镜头

物镜的种类很多，可从不同角度来分类。根据物镜前透镜与被检物体之间的介质不同，可分为：①干燥系物镜，以空气为介质，如常用的100×以下的物镜，数值孔径均小于1。②油浸系物镜，常以香柏油为介质，此物镜又称油镜头，其放大倍数为90～100，数值孔径大于1。

数值孔径（numerical aperture，NA），也称镜口率（或开口率）。在物镜和聚光器上都标有它们的数值孔径，数值孔径是物镜和聚光器的主要参数，也是判断它们性能的最重要指标。物镜的性能取决于其数值孔径，数值孔径越大，物镜的性能越好。数值孔径和显微镜的各种性能有密切的关系，它反映该物镜分辨力的大小，数值越大，其分辨力越高。分辨力是指显微镜能够分辨物体上的最小间隔的能力，这个可分辨的最小间隔距离越小，分辨力越高。人肉眼的分辨力可达0.1mm，显微镜的分辨力能达到0.2μm。

$$R=0.61\lambda/NA \qquad NA=n \cdot \sin(\alpha/2)$$

式中，R为分辨力，λ为光波波长，NA为数值孔径，n为介质折射率，α为透镜锥顶角，折射率大的介质（如香柏油的折射率为1.515，空气的折射率为1），其分辨力也大。

工作距离指物像调节清楚时物镜下表面与盖玻片上表面之间的距离；物镜的放大倍数越大，工作距离越小。

2. 普通光学显微镜的使用方法

（1）低倍镜（4×、10×）的使用

1）准备：将显微镜放在离实验台边缘10cm处（至少约一拳的距离），取下防尘罩，连接并打开电源。

2）对光：使低倍镜对准镜台，开大光圈，上升聚光器并转动亮度调节旋钮至视野内光线明亮度适中。

3）置片：先下降载物台，再取一张载有标本的载玻片（以下简称玻片标本），先用肉眼观察，以确定正反面（载有标本的面为正面，一般都贴有标签）和标本的大致位置。再将玻片标本正面朝上放置在载物台上并用弹簧夹夹好，调节推动器以使标本大致位于光路中央、聚光镜的正上方。

4）调焦：先把物镜的镜头转换为低倍镜（4×或10×），再从显微镜侧面注视物镜头，同时转动粗准焦螺旋，将载物台上升到最高（物镜头与玻片标本的距离约5mm处），然后一边在目镜上观察，一边缓慢转动粗准焦螺旋，使载物台缓慢下降至视野中出现清晰的物像。

如经过上述步骤还无法看清楚图像，应报告老师，请求帮助，也可以重复操作一次。

（2）高倍镜（40×）的使用

1）选好目标：先在低倍镜下把待观察部位移动到视野中心，将物像调节清晰。

2）切换物镜：为防止镜头碰撞玻片，从显微镜侧面注视，慢慢地转动物镜转换器使高倍镜头对准通光孔。

3）调焦：观察目镜的同时稍稍调节细准焦螺旋，即可获得清晰的物像。若视野亮度不够，可上升聚光器和开大光圈。

（3）油镜（100×）的使用

1）选好目标：在高倍镜下确定玻片标本上要用油镜观察的部位并移至视野的中央。

2）转换油镜：转动物镜转换器，使高倍镜头离开通光孔，在载物台上的玻片标本处滴一滴香柏油。然后从侧面注视镜头与玻片，慢慢转换油镜使镜头浸入油中。

3）调节光亮：将聚光器升到最高位置，光圈开到最大。

4）调焦：观察目镜的同时调节细准焦螺旋，使得物像清晰。若目标不理想或不出现物像需重找，在加油区之外重找应按：低倍→高倍→油镜程序。在加油区内重找应按：低倍→油镜程序，以免油污染高倍镜头。

5）擦拭油镜头：观察结束后，先将载物台调至最低，取出标本。用干的擦镜纸吸掉沾在油镜头上的油，再用擦镜纸蘸少许二甲苯（或乙醚-乙醇混合液，比例为2∶3）擦拭镜头及周围，最后用干的擦镜纸擦干多余的二甲苯。玻片标本上的油处理方法同上，因为玻片上的油较多，需重复2～3次才能擦干净。

6）关机：镜头擦拭完成后，将光源亮度调节至最低并关闭电源，拔下电源插座，并盖上防尘罩。

（二）生物绘图

生物绘图是把显微镜下观察到的图像记录下来的一种表达方式，也是细胞生物学实验报告的一种形式。生物绘图是一种科学的记录，不同于一般艺术性绘图，它的一点一线都表示一定的结构，要求科学真实。因此，只有在观察清楚、分析比较明确的基础上才能下笔作图，不能为了美观而随意添加内容。

1）首先认真观察生物标本，弄清它的基本形态特征和重点观察部位的毗邻关系。

2）用铅笔绘图，图的大小、位置、布局要恰当，只画一个典型细胞，大小适中，约占整个绘图面的2/3，要注意各部位结构的比例关系。

3）铅笔绘图，用光滑曲线勾勒细胞及细胞核轮廓；细胞内染色深浅用铅笔点细点来表示（颜色越深的地方细点越多），切忌着色、涂阴影或其他美术加工；特殊结构（如高尔基体、染色体等）可用线条描绘。

4）图右侧注明各部分结构名称，引线要直而平行，不能交叉，右端上下对齐，注字要用正楷。

5）图的正下方注明所绘细胞名称、染色方法及放大倍数（各占一行）；实验报告纸上全部用铅笔标记。

【结果判定】

1. 低倍镜的练习 比较肉眼直接观察字片与低倍镜下观察物像有什么区别？左右前后移动玻片与低倍镜下观察到的物像有什么区别？

2. 高倍镜的练习 取红绿羊毛交叉片，先在低倍镜下找到羊毛，并将红绿羊毛的交叉点移到视野的中心，再换高倍镜观察，能否在交叉点同时看到两根羊毛（利用细准焦螺旋进行判断）。

3. 油镜的练习 取人血涂片，先用低倍镜、高倍镜观察，再换油镜观察。比较三种放大倍数物镜的分辨力并练习擦拭油镜头和玻片标本。

【注意事项】

1. 显微镜的光学部分不能用手直接摸擦。

2. 不可随意拆卸显微镜的零部件。

3. 需要更换玻片标本时，将物镜头转离载物台，方可取下或放置玻片标本。

4. 转换物镜时应转动物镜上方的旋转器，切忌手持物镜转换。

5. 若长时间不用显微镜时，请将显微镜光源亮度调到最暗（维持灯的寿命）。

6. 显微镜使用完毕后，必须复原，具体步骤：先转动物镜转换器使物镜头离开通光孔，再取下玻片标本，下降载物台，下降聚光器，关闭光圈，推动器回位，将显微镜电光源的亮度调到最暗，再关闭电源，盖上防尘罩，最后将显微镜放在桌子的中央。

【作业报告】

1. 绘制在高倍镜下所观察到的红绿羊毛交叉图。
2. 用文字注明低倍镜和高倍镜的使用步骤和注意事项。

细胞器的观察

（刘 伟）

实验二　荧光显微镜的结构和使用

【实验目的】

1. 掌握荧光显微镜的工作原理。
2. 掌握荧光显微镜的基本操作和注意事项。
3. 了解荧光显微镜的基本结构。

实验二彩图

【实验原理】

某些物质能吸收光辐射而转变为激发态，然后再辐射或者发射光波以释放部分吸收的能量。在这个过程中，以光的形式辐射出来的能量并非吸收的全部能量，因此辐射出的光的波长大于激发光的波长。这种吸收光谱最大峰值波长和发射光谱最大峰值波长之间的差，称为斯托克斯频移（Stokes shift）。荧光（fluorescence）就是指某些物质用一定光谱范围内的光照射时，会辐射出比激发光波长更长的光波。细胞中的有些物质经激发光照射后可直接发出荧光，如叶绿素经紫外线照射后可产生自发荧光。还有些物质不能产生自发荧光，但可以通过荧光物质处理后使其选择性地带上荧光物质，经激发光照射后可诱发荧光，称为间接荧光。番茄凝集素具有特异性结合啮齿动物血管内皮细胞和小胶质细胞的特性，使用耦联荧光染料的番茄凝集素处理小鼠小胶质细胞，可以使其带上荧光物质。

荧光显微镜（fluorescence microscope）与光学显微镜的结构基本相同，不同的是荧光显微镜需要特殊的激发光源和光学滤色系统。激发光源可以提供合适强度和波长的激发光，对样品进行激发，诱发荧光物质发出荧光，从而对样品结构和组分进行检测和定位等观察。汞灯、氙灯、卤素灯等均可用作荧光显微镜的激发光源，其中汞灯较常用，其特点是光亮度大且稳定，可以提供大量特定波长的激发光，使被检测样品中的荧光物质获得足够强度的激发光。荧光显微镜的光学滤色系统主要包括激发滤色镜和发射滤色镜。激发滤色镜位于光源和物镜之间，选择特定波长的光线透过。发射滤色镜位于物镜和目镜之间，只允许大于特定波长的光线通过（如荧光团发射的光线），其作用是分离荧光和激发光。除此以外，荧光显微镜还配备了二向分色镜，其放置方向与激发光源方向成45°角，该分色镜兼有反射特定波长光线和透射荧光团发射的特征波长光线的功能，实现反射式荧光激发方式。图2-1显示了反射荧光显微镜光路图。

【实验物品】

1. **材料**　培养的小鼠小胶质细胞系（如BV-2）。
2. **器材和仪器**　荧光显微镜（如Leica DMi8）、二氧化碳培养箱、水平摇床等。
3. **试剂**　磷酸盐缓冲液（PBS）、4%多聚甲醛固定液（PFA）、破膜剂（0.3% Triton X-100）、封闭液［5%牛血清白蛋白（BSA）+5%山羊血清+90% 1×PBS］、异硫氰酸荧光素标记的番茄凝集素（FITC-LEL）、含有4',6-二脒基-2-苯基吲哚（DAPI）的抗荧光衰减封片剂。

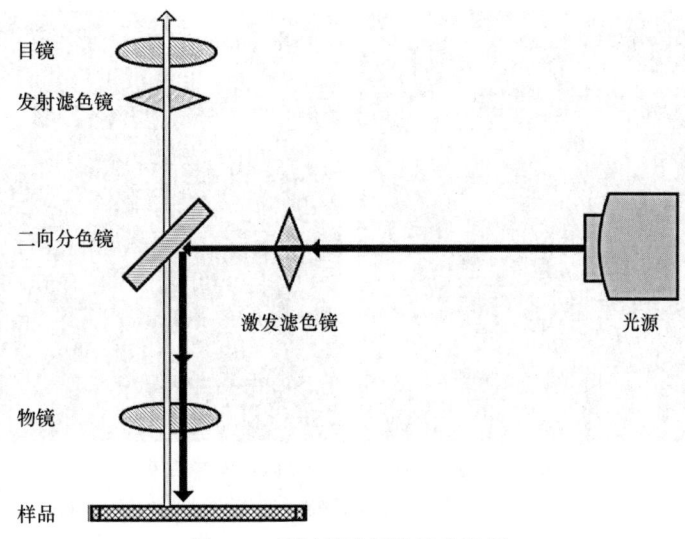

图 2-1 反射荧光显微镜光路图

【实验操作】

1. 小胶质细胞传代培养至细胞对数生长期，用胰蛋白酶消化后，接种细胞到预先包被处理过的玻璃培养皿中（可直接使用荧光显微镜或共聚焦显微镜专用培养皿，无须包被处理），37℃二氧化碳培养箱中过夜使其贴壁。

2. 弃去培养基，用 PBS 洗涤细胞 3 次。

3. 4℃预冷的多聚甲醛固定液室温固定 30min，PBS 洗涤 3 次。

4. 破膜剂室温孵育 30min，PBS 洗涤 3 次。

5. 封闭液室温封闭 2h，PBS 洗涤 3 次。

6. FITC-LEL 孵育 4℃过夜，取出后，移除多余的 FITC-LEL，然后加入 PBS 并在水平摇床上室温洗涤 3 次，每次 2min。

7. 用含有 DAPI 的抗荧光衰减封片剂进行封片，4℃暗盒中保存，准备荧光显微镜观察。

8. 开始荧光成像时，打开汞灯预热约 15min，以得到持续稳定的光源。将样品放在载物台上并固定好，遵循从低到高的顺序使用物镜在明场下找到合适的视野。随后，关闭室内不需要的灯光，根据荧光染料选择对应的滤光片（如 DAPI 选择紫色滤光片得到蓝色荧光，FITC 选择蓝色滤光片得到绿色荧光），调节焦距以及计算机上的曝光时间、对比度、饱和度等得到清晰合适的图片，采集并保存。样品中的每种荧光染料被成像后，可将多个图像叠加。

9. 观察完毕后，退出计算机系统并关闭计算机。荧光显微镜汞灯开启总时长达 30min 后，方可关闭，显微镜光学系统冷却后，盖好仪器防尘罩。

【结果判定】

小鼠小胶质细胞通过 FITC-LEL 和 DAPI 染色处理，在荧光显微镜下可观察到细胞核呈现蓝色，小胶质细胞呈现绿色，如图 2-2 所示。

图 2-2 小胶质细胞荧光显微镜观察结果

绿色为凝集素（lectin）染色的小胶质细胞；蓝色为 DAPI 染色的细胞核

【注意事项】

1. 第一次使用荧光显微镜，请仔细阅读仪器操作指南，与仪器负责人联系。

2. 实验操作过程中，避免用肉眼直接观察激发光源，以防视网膜受到损伤。

3. 汞灯光源寿命有限，严禁频繁开闭。汞灯开启后，不可立即关闭，一般需要 30min 后才能关闭。汞灯熄灭后，待其完全冷却才能再次开启，等待时间约 30min。

4. 关闭显微镜电源前请将光源强度调至最低。

5. 由于荧光物质会发生猝灭现象，即随着时间的延长，荧光信号会逐渐减弱甚至消失。因此，标本染色后应及时观察。

6. 物镜如需清洁，可用洗耳球吹去灰尘。若必须擦拭镜头，可用无水乙醇润湿的擦镜纸沿相同方向轻轻擦拭镜头。

7. 使用油镜后，需要清洁镜头。

【作业报告】

1. 描述荧光显微镜下观察到的实验现象，并绘图标记荧光颜色。

2. 简述荧光显微镜与普通光学显微镜的区别。

（吴艳瑞）

实验三 激光扫描共聚焦显微镜的结构和使用

【实验目的】

实验三彩图

1. 掌握激光扫描共聚焦显微镜的原理。

2. 掌握细胞制片及其激光扫描共聚焦显微镜的观察方法。

3. 掌握激光扫描共聚焦显微镜的图像处理和分析方法。

4. 了解激光扫描共聚焦显微镜常用的基本组成，了解激光扫描共聚焦显微镜在生物学上的应用。

【实验原理】

1. 激光扫描共聚焦显微镜成像的基本结构 激光扫描共聚焦显微镜（laser scanning confocal microscope，LSCM）主要由显微镜光学系统、扫描装置、激光光源、检测系统四部分组成。整套设备由计算机控制，各部件之间的操作切换都可在计算机操作平台界面中方便灵活地进行（图3-1）。

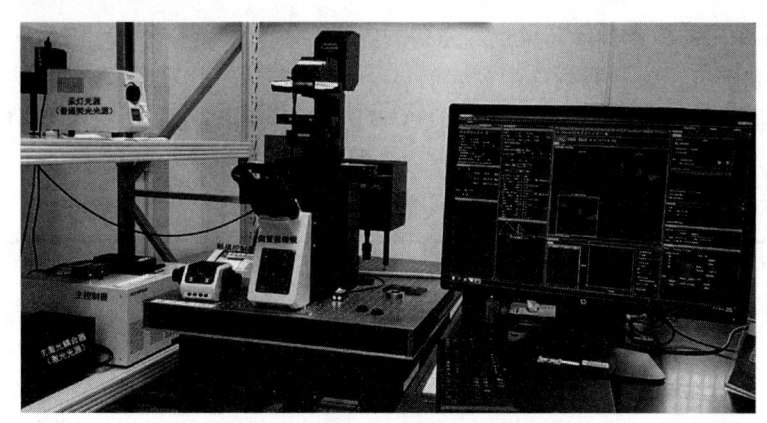

图 3-1 激光扫描共聚焦显微镜

1）显微镜光学系统：显微镜是激光扫描共聚焦显微镜的主要组件，它关系到系统的成像质量。显微镜光路以无限远光学系统、方便在其中插入光学选件而不影响成像质量和测量精度为原则。物镜应选取大数值孔径平场复消色差物镜，以利于荧光的采集和成像的清晰。物镜组的转换、滤色片组的选取、载物台的移动调节、焦平面的记忆锁定都由计算机自动控制。

2）扫描装置：激光扫描共聚焦显微镜使用的扫描装置为镜扫描。由于转镜只需偏转很小角度就能涉及很大的扫描范围，图像采集速度大大提高，可达4帧以上，有利于寿命短的离子作荧光测定。扫描系统的工作程序由计算机自动控制。

3）激光光源：激光扫描共聚焦显微镜使用的激光光源有单激光和多激光系统。多激光系统在可见光范围使用多谱线氩离子激光器，发射波长为457nm、488nm和514nm的蓝绿光，氦氖绿激光器提供发射波长为543nm的绿光，氦氖红激光器提供发射波长为633nm的红光。新的405nm半导体激光器可以提供近紫外谱线，小巧、便宜而且维护简单。表3-1显示了细胞器/物质特异性荧光探针及其激发光和发射光波长。

表 3-1 细胞器/物质特异性荧光探针及其激发光和发射光波长

探针	细胞器/物质	激发光波长/nm	发射光波长/nm	颜色
BODIPY	高尔基体	505	511	浅绿色
NBD	高尔基体	488	525	深绿色
DHP	脂类	350	420	蓝色
TMA-DPH	脂类	350	420	蓝色

续表

探针	细胞器/物质	激发光波长/nm	发射光波长/nm	颜色
Rhodamine12	线粒体	488	525	绿色
Dio	脂类	488	500	淡绿色
diI-Cn-5	脂类	550	565	黄色
diO-Cn-3	脂类	488	500	淡绿色

4）检测系统：激光扫描共聚焦显微镜为多通道荧光采集系统，一般有 3 个荧光通道和 1 个透射光通道，能升级到 4 个荧光通道，可对物体进行多谱线激光激发，样品发射荧光的探测器为感光灵敏度高的光电倍增管（PMT），配有高速 12 位模/数（A/D）转换器，可以做光子计数。表 3-2 展示了蛋白荧光探针的激发光及发射光波长。

表 3-2 蛋白荧光探针的激发光及发射光波长

荧光探针	激发光波长/nm	发射光波长/nm	颜色
FITC	488	525	绿色
PE	488	575	绿色
APC	630	650	红色
PerCP™	488	680	红色
Cascade blue	360	450	紫色
Coumarin-phalloidin	350	450	紫色
Texas Red™	610	630	红色
TRITC-amines	550	575	橙色
CY3	540	575	橙色
CY5	640	670	红色

光电倍增管前设置针孔，由计算机软件调节针孔大小，光路中设有能自动切换的滤色片组，以满足不同测量的需要，也有通过光栅或棱镜分光后进行光谱扫描的设置。

2. 激光扫描共聚焦显微镜成像的原理 激光扫描共聚焦显微镜是将光学显微镜技术、激光扫描技术和计算机图像处理技术结合在一起的高技术设备。它利用激光作为光源，采用共轭聚焦的原理和装置，通过针孔的选择和光电倍增管的收集，经过图像分析软件处理，对观察样品进行断层扫描和成像，得到高分辨率的清晰的三维图像，是一种高敏感度与高分辨率的显微镜，在组织、细胞和分子水平研究中的应用十分广泛。激光扫描共聚焦显微镜主要用于样品荧光定量检测、共聚焦图像分析、三维图像重建、活细胞动力学参数分析和细胞间通信等方面研究。

激光扫描共聚焦显微镜以激光作为光源，激光器发出的激光通过照明针孔形成点光源，经过透镜、分光镜形成平行光后，再通过物镜聚焦在样品上，并对样品内焦平面上的每一点进行扫描。样品被激光激发后发出的荧光，可通过分光镜，经过透镜再次聚焦，到达检测针孔处，被后续的光电倍增管探测收集，并在显示器上成像，得到所需的荧光图像，而非聚焦光线被检测针孔光阑阻挡，不能通过检测针孔，因而不能在显示器上显出荧光信号。这种双共轭成像方式称为共聚焦。因采用激光作为光源，故称之为"激光扫描共聚焦显微镜"。

在激光扫描共聚焦显微镜的载物台上加装的微量步进马达，可驱动载物台在扫描过程中按照设定步距移动，以使物镜聚焦于样品的不同层面上并采集该层的荧光图像，从而得到样品按照深度排列的各个横断面的一系列荧光图像，通过软件处理，可获得样品的三维图像或时间序列图像（图 3-2）。

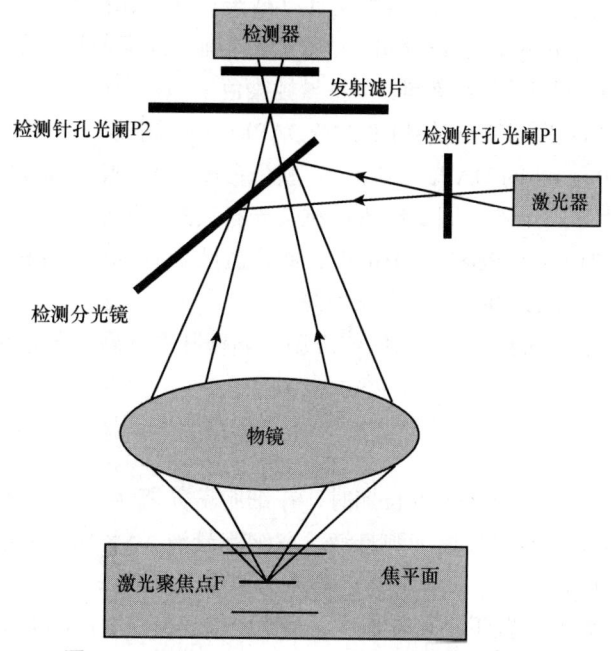

图 3-2 激光扫描共聚焦显微镜工作原理示意图

3. 激光扫描共聚焦显微镜的应用 与传统光学显微镜相比，激光扫描共聚焦显微镜具有更高的分辨率、多重荧光同时观察并可形成清晰的三维图像等优点，对生物样品的观察，激光扫描共聚焦显微镜有显著的优势。

（1）激光扫描共聚焦显微镜对活细胞和组织或细胞切片进行连续扫描，可获得精细的细胞骨架、染色体、细胞器和细胞膜系统的三维图像。

（2）激光扫描共聚焦显微镜可得到比普通荧光显微镜更高对比度、更高解析度图像，同时具有高灵敏度、杰出样品保护。

（3）激光扫描共聚焦显微镜可获得多维图像，可进行时间序列扫描、旋转扫描、区域扫描、光谱扫描，并方便进行图像处理。

（4）激光扫描共聚焦显微镜可对细胞内离子进行荧光标记，可进行单标记或多标记，检测细胞内如 pH 和钠、钙、镁等离子浓度的比率及动态变化。

（5）激光扫描共聚焦显微镜可以在同一个样品上进行同时多重物质标记、同时观察。如荧光标记探针标记的活细胞或切片标本的活细胞生物物质、膜电位、膜流动、免疫物质、免疫反应、受体或配体、核酸等观察。

（6）激光扫描共聚焦显微镜对细胞的检测无损伤、精准可靠，并具有良好重复性，数据图像可及时输出和长期储存。

【实验物品】

1. 仪器 激光扫描共聚焦显微镜、二氧化碳培养箱。

2. 器材 组织荧光切片或细胞荧光切片，盖玻片，培养皿等。

3. 试剂 FITC 标记的鬼笔环肽（FITC-phalloidin），能结合在微丝中肌动蛋白亚单位之间，稳定微丝、促进微丝聚合，与微丝具有高亲和性，让微丝显绿色荧光；抗体法微管红色荧光探针（Tubulin-Tracker Red），用于培养细胞或组织切片的微管蛋白特异性荧光染色；DAPI 是一种荧光 DNA 染料，可特异性染色细胞核（DAPI 不能直接用 PBS 溶解，需要先用水将其溶解；先用 1ml 的 ddH$_2$O 将 DAPI 溶解，制成 1～5mg/mL 的 DAPI 溶液，再用 PBS，制成 10μg/ml 的 DAPI 工作液）；胰蛋白酶（0.25% Gibco 胰蛋白酶溶液），消化细胞；4% 多聚甲醛固定液，固定细胞；抗荧光猝灭封片液。

4. 缓冲液 0.01mol/L PBS、0.01mol/L 磷酸盐吐温缓冲液（PBST）（pH 7.4，0.5% Tween-20）、0.5% Triton X-100、4% 多聚甲醛。

5. 细胞 传代培养细胞（3T3 成纤维细胞、贴壁肿瘤细胞或其他贴壁细胞）。

【实验操作】

1. 制片

（1）传代培养细胞处于对数生长期时，在细胞培养瓶（或细胞培养皿）中加入胰蛋白酶消化细胞，滴管吹打，收集细胞悬液，取细胞悬液（5×10^5 细胞）接种到放置有灭菌盖玻片的培养皿中，37℃二氧化碳培养箱中孵育 2 天，制作盖玻片细胞爬片。

（2）取出细胞爬片，置于小培养皿中，用 PBS 或汉克斯（Hanks）液洗涤细胞 2 次。

（3）加入 2ml 0.5% Triton X-100 处理 10min，吸出，PBST 洗涤 2 次。

（4）加入 2ml 37℃预温过的 4% 多聚甲醛固定细胞 15min，吸出固定液。

（5）在第一块封口膜上滴加 20μl 稀释好的 FITC-phalloidin（染液），小心取出细胞爬片，细胞面向下孵育于染液中，室温下避光染色 30min；取出细胞爬片，爬片边缘位置用吸水纸吸干染液（虹吸法），滴加 PBST 洗涤 3 次（注意要尽量避光，且不要移动细胞爬片，防止细胞脱落）。

（6）在第二块封口膜上滴加 20μl Tubulin-Tracker Red 染液，细胞爬片室温下避光孵育染色 30min，取出爬片，PBST 洗涤 3 次。

（7）在第三块封口膜上滴加 20μl 稀释好的 DAPI，细胞爬片室温下避光孵育染色 10min，吸水纸吸干 DAPI，滴加 PBST 采用虹吸法洗涤 2 次（尽量避光）。

（8）封片，取出载玻片，滴加 50μl 封片液于载玻片上，细胞爬片置于载玻片上，让细胞面接触封片液，尽量避免产生气泡；置于激光扫描共聚焦显微镜下观察。

2. 激光扫描共聚焦显微镜的开机 依次开启稳压电源、计算机、扫描器、激光器电源及相应的冷却系统。显微镜电源及荧光电源的开机间隔时间在 15s 以上，运行大约

15min 后再开启软件。系统自检完成后进入操作界面，设置软件参数并操控激光扫描共聚焦显微镜进行扫描和观察。

3. 激光扫描共聚焦显微镜样品的荧光观察

（1）选择合适的物镜、视野，通过显微镜前面板的按钮选择合适的荧光滤块，"TL/IL"功能键可在明视场和荧光之间切换。

（2）将荧光染色制备好的细胞爬片（或组织荧光切片）置于载物台上进行观察。在目视模式下，调整所用物镜放大倍数，在荧光显微镜下找到需要观察的细胞。切换到扫描模式，调整双孔针和激光强度参数，即可得到清晰的共聚焦图像。

（3）选择合适的图像分辨率，将样品完整扫描后，保存图像结果。

4. 激光扫描共聚焦显微镜的图像获取

（1）获取三维图像：激光扫描共聚焦显微镜具有细胞"CT"功能，因此，它可以在不损伤细胞的情况下，获得一系列光学切片图像。选用"Z-Stack"模式，即可实现此项功能。基本步骤：①开启"Z-Stack"选项；②确定光学切片的位置及层数；③启动"Start"，获得三维图像。

（2）获取时间序列图像：激光扫描共聚焦显微镜的"Time-Series"功能，可自动在实验者规定的时间内按照设定的时间间隔获取图像。只需设定所需的时间间隔及所需图像数量，开启"Start T"功能键，即可进行实验。"Time-Series"功能大大减轻了实验者的劳动强度，该功能在荧光漂白恢复和钙离子成像等实验中非常实用。

5. 激光扫描共聚焦显微镜的关机

（1）将激光输出功率调到最小，关闭激光器电源，保持冷却系统继续工作 10min 以上再关闭电源开关。

（2）退出计算机系统，关闭计算机。

（3）关闭系统总开关。

（4）清理镜头，若使用过油镜，需用清洁液或无水乙醇清洁镜头。

（5）显微镜光学系统冷却后，盖好仪器防尘罩。

【注意事项】

1. 一定等激光器冷却后再关机。

2. 汞灯电源切断后，再开启汞灯要等 30min 以上。

3. 使用中不得随意切断显微镜、控制箱等的电源。

4. 主机计算机中不得再安装其他硬件、软件（严防计算机病毒），不得删除主机计算机中的程序。

5. 装卸物镜、片子要轻拿轻放，勿振动。

6. 油镜用后一定要清洁，不得使用二甲苯。

7. 平时注意整机防尘。

8. 荧光标记样品要尽快上机采集图像，防止荧光猝灭及细胞干燥等情况导致荧光变化。

9. 细胞制片过程中注意不要擦掉或冲洗掉细胞。

【作业报告】

1. 试述激光扫描共聚焦显微镜的成像原理，并描述实验中所观察到的现象。

2. 激光扫描共聚焦显微镜观察到的图像为什么比普通荧光显微镜的清晰度、层次感要强许多？

（邓　宁）

实验四　石蜡切片与苏木精-伊红染色

【实验目的】

1. 掌握石蜡切片的制作过程。

2. 了解苏木精-伊红染色的基本原理。

实验四彩图

【实验原理】

1. 石蜡切片技术是组织切片中最常用的切片技术，其最大的优点是石蜡包埋的组织块便于长期保存，其制备流程包括取材、固定、脱水、透明、浸蜡、包埋、切片、染色、封片。

2. 苏木精-伊红染色（hematoxylin and eosin staining），简称 HE 染色，是病理学中最常规的制片方法。苏木精为碱性染料，细胞核内染色质的主要成分是 DNA，在 DNA 双螺旋结构中，两条核苷酸链上的磷酸基向外，使 DNA 双螺旋的外侧带负电荷，呈酸性，很容易与带正电荷的苏木精碱性染料以离子键或氢键结合而被染色，苏木精在碱性溶液中呈蓝色，因此细胞核被染成蓝色；伊红是酸性染料，细胞质的主要成分是蛋白质，为两性化合物，细胞质的染色与染液的 pH 密切相关，当染液的 pH 在细胞质蛋白质等电点（4.7～5.0）以下时，细胞质蛋白质以碱式电离，则细胞质带正电荷，就可被带负电荷的酸性染料染色。伊红在水中解离成带负电荷的阴离子，与细胞质带正电匹配的阳离子结合，使细胞质着色，呈现红色。通过 HE 染色，在显微镜下可清晰观察到细胞的形态结构。

【实验物品】

1. 材料　小鼠肝脏。

2. 试剂　4% 甲醛溶液、乙醇溶液（75%、85%、95%、无水）、丙酮溶液、二甲苯、苏木精染液（用 10ml 无水乙醇溶解 1g 苏木精，用 200ml 热蒸馏水溶解 20g 硫酸铝钾，将上述两溶液混合后煮沸 1min，离火后向混合液中迅速加入 0.5g 氧化汞，搅拌至染液变成紫红色，用冷水冷却至室温，加入 8ml 冰醋酸并混匀，过滤备用）、水溶性伊红染液（0.5g 伊红溶入 100ml 蒸馏水）、蛋白甘油（1 份甘油+1 份鸡蛋清）、中性树胶、1% 盐酸-乙醇分化液（盐酸 1ml+70% 乙醇 99ml）、石蜡（熔点 54～56℃、熔点 60～62℃）等。

3. 器材和仪器　切片机、脱水缸、烘箱、染色缸、载玻片、盖玻片等。

【实验操作】

1. 取材 取小鼠肝脏组织,大小为 0.5cm×0.5cm×1.5cm,用生理盐水清洗表面血渍。

2. 固定 将清洗过的组织块按 1:100～1:50 体积比置 4% 甲醛溶液中固定 24h。

3. 冲洗 根据组织块大小,用流水冲洗肝脏组织块 2～8h,清洗其中的甲醛。

4. 脱水 依次用 75% 乙醇溶液脱水 3h,85% 乙醇溶液脱水 3h,95% 乙醇溶液脱水 1h,再用 95% 乙醇溶液脱水 1h,无水乙醇脱水 1h,丙酮溶液脱水 15min。

5. 透明 用二甲苯透明组织块 2 次,各 15min。

6. 浸蜡 用熔点 54～56℃石蜡浸蜡 2h,再用熔点 60～62℃石蜡浸蜡 1h。

7. 包埋 用熔点 60～62℃石蜡包埋组织块。

8. 切片 用切片机将组织块切成 5μm 的薄片。

9. 展片 将薄片摊在 40℃的水浴中展平。

10. 捞片 将展开的薄片平整铺贴在涂有蛋白甘油的洁净载玻片上。

11. 烘片 铺好薄片的载玻片置于 60℃烘箱中 3h。

12. 脱蜡 用二甲苯脱蜡 2 次,每次 15min。

13. 冲洗二甲苯 依次用无水乙醇、95% 乙醇溶液分别浸泡 5min,以清除标本中的二甲苯。

14. 水洗 用 75% 乙醇溶液浸泡标本 3min,再用蒸馏水冲洗标本 2 次,以清除标本中的乙醇。

15. 染色 用苏木精染液染色 15min,自来水冲洗 1min,用 1% 盐酸-乙醇分化液分化 5s,用自来水冲洗 15min 以上;用水溶性伊红染液染色 1min,用自来水冲洗 2s。

16. 脱水 依次用 75% 乙醇溶液、85% 乙醇溶液、95% 乙醇溶液、无水乙醇脱水,各 5min。

17. 透明 用二甲苯透明 10min。

18. 封片 在标本中央滴 1 滴中性树胶,盖上盖玻片,轻轻按压盖玻片,赶出片内气泡,封固。

【结果判定】

通过 HE 染色,肝脏组织的细胞核染成蓝色,细胞质染成粉红色至桃红色,在显微镜下可清晰观察到细胞的形态结构(图 4-1,图 4-2)。

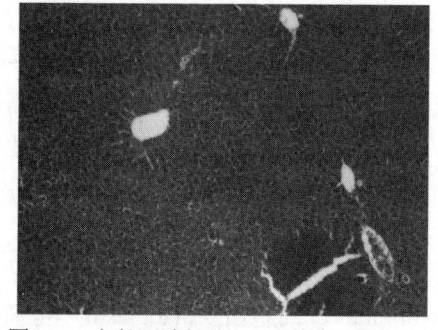

图 4-1 小鼠肝脏细胞(HE 染色,10×10)　　图 4-2 小鼠肝脏细胞(HE 染色,10×40)

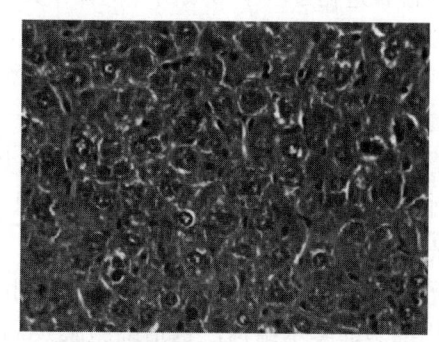

【注意事项】

1. 脱水剂、透明剂的体积应该为组织块总体积的 5～10 倍，并及时更换，确保脱水、透明的质量。

2. 浸蜡箱内温度要高于石蜡 2～3℃。

3. 包埋操作要迅速，以防组织块在尚未埋妥之前熔蜡凝固。

4. 保持切片机刀片锋利，确保切出连续的切片；切片时可经常用冰块冷却组织块和刀片，使石蜡保持一定的硬度。

5. 载玻片要保持清洁，并涂抹蛋白甘油，以防脱片。

6. 封固用的中性树胶浓度要适宜，并避免产生气泡。

【作业报告】

1. 绘制高倍镜下小鼠肝脏切片中肝脏细胞 HE 染色后展示的各部分细胞结构。

2. 封固标本常用的封固剂有哪些？各有何利弊？

（黄清松）

实验五　细胞基本形态和结构

【实验目的】

1. 熟悉人体及动植物细胞的基本形态和结构。
2. 初步掌握临时玻片标本的制备方法。
3. 初步学习捣毁脊髓法处死青蛙或蟾蜍的操作方法。
4. 初步掌握光学显微镜下所见细胞、组织结构的绘图记录方法。
5. 进一步掌握光学显微镜的规范使用方法。

实验五彩图

【实验原理】

细胞是生命活动的基本结构单位和功能单位。构成人体和其他高等动植物的细胞种类繁多，形态各异，有球形、椭圆形、扁平形、立方形、长梭形、星形等。细胞的形态结构与功能相关是很多细胞的共同特点，在分化程度较高的细胞更为明显，这种特征是在生物漫长进化过程中形成的。例如：具有收缩功能的肌细胞呈长梭形或条形；具有感受刺激和传导冲动功能的神经细胞有长短不一的树枝状突起；游离的血细胞为圆形、椭圆形或圆饼形。

高等生物体不同细胞的大小差异很大，其直径大多数在 10～100μm，一般需要借助显微镜才能看到。由于细胞较小，而且其内含有较大比例的水分，故大多是无色透明的，如果不经染色处理，在显微镜下难以看清细胞的结构。因此，要观察某种细胞时，通常先进行染色处理。

虽然细胞的形态、大小和功能各不相同，但在普通光学显微镜下，一般可见人体及动物细胞的基本结构，包括细胞膜（cell membrane）、细胞质（cytoplasm）和细胞核

（nucleus）三个部分。但也有例外，如哺乳动物红细胞成熟时细胞核消失。植物细胞的基本结构可分为细胞壁（cell wall）、细胞膜、细胞质和细胞核四个部分。

【实验物品】

1. 材料 青蛙或蟾蜍、洋葱、人口腔黏膜上皮细胞、人外周血等。

2. 器材和仪器 显微镜、擦镜纸、载玻片、盖玻片、吸水纸、手术器材1套、解剖盘1个、小培养皿2个、消毒牙签、采血针等。

3. 试剂 1%甲苯胺蓝染液、1%碘液、1%甲基蓝染液、瑞氏染液、林格液（两栖类用）等。

【实验操作】

1. 洋葱鳞茎表皮细胞的标本制备 取干净载玻片，磨砂面（正面）朝上，于中央滴1滴1%碘液；取洋葱鳞茎块，用镊子在其内表面轻轻撕取一小块方形膜质表皮（边长3～4mm），置于载玻片的碘液滴中，铺平。用镊子夹取干净的盖玻片，将其一侧先接触标本旁的碘液，再缓缓地盖上盖玻片，尽量避免产生气泡，用滤纸吸去盖玻片周围的染液。

2. 人口腔黏膜上皮细胞的标本制备 取干净载玻片，磨砂面（正面）朝上，于中央滴1滴1%碘液；用一根灭菌的牙签轻轻刮取口腔颊部任何一侧的上皮（上、下唇内侧亦可），然后将它涂在载玻片上的碘液中，并搅动几下使细胞散开。用镊子夹取干净的盖玻片，将其一侧先接触标本旁的碘液，再缓缓地盖上盖玻片，尽量避免产生气泡，用滤纸吸去盖玻片周围的染液。

3. 人外周血血涂片标本的制备

（1）消毒和取血：先按摩取血部位，使血流通畅；再用75%乙醇溶液消毒采血针和取血部位（如指尖）。待75%乙醇溶液干后，刺破皮肤，使血自然流出，勿挤。取干净载玻片，让血滴在载玻片一端，注意手指持握载玻片的两端边缘，勿触及其表面。不能使载玻片接触取血部位的皮肤。

（2）推片：取一块边缘光滑的载玻片作推片。将其一端置于血滴前方，向后移动到接触血滴，使血液均匀分散在推片与载玻片的接触处。然后使推片与载玻片成30°～45°，向另一端平稳地推出，使血液在载玻片上形成一层薄而均匀的血膜，如图5-1所示。通

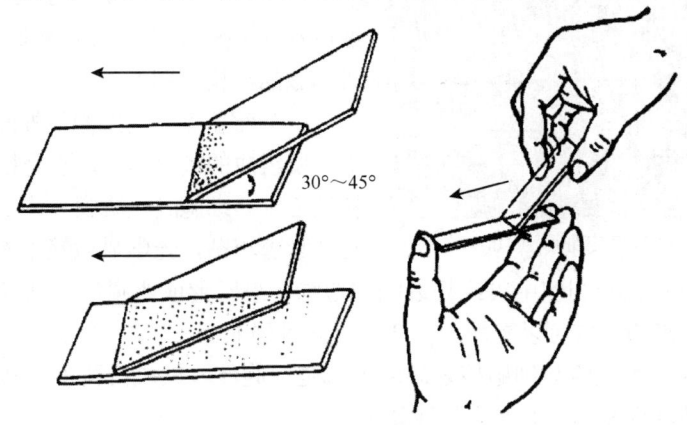

图5-1 血涂片的制备方法

常推片与载玻片间的角度越大,血膜越厚;角度越小,速度越快,则血膜越薄。血滴的大小对血膜薄厚也有影响,血滴越大,则血膜越厚。推片时速度要一致,否则血膜呈波浪形,厚薄不匀。涂片推好后,迅速在空气中晃动,使之自然干燥。

(3)染色:在载玻片上血膜薄而均匀的区域滴上几滴瑞氏染液(或先用玻璃蜡笔在血膜较薄区画一圆圈,再往圈中滴加染液,可防染液向四周扩散)。染色1min后往染液中加入等量的蒸馏水稀释染液,继续染2~3min。此时液面上可浮现一层金黄色金属样的物质。用自来水轻轻冲洗载玻片,晾干后即可观察。

4. 青蛙或蟾蜍血涂片的制备 取青蛙或蟾蜍1只,捣毁脑和脊髓。剖开胸腔,剪开心脏,取一小滴血液于载玻片的一端推片。推片和染色方法如前所述。

5. 制备青蛙或蟾蜍脊髓压片观察脊髓前角运动神经细胞 在青蛙或蟾蜍口裂处剪去头部,除去延脑,剪开椎管,可见乳白色脊髓,取下脊髓放在小培养皿内,用林格液洗去血液后放在载玻片上,剪碎。将另一载玻片压在脊髓碎块上,用力挤压。将上面的载玻片取下即可得到压片。在压片上滴1滴1%甲苯胺蓝染液,染色10min,盖上盖玻片,吸去多余的染液。

6. 青蛙或蟾蜍骨骼肌细胞的剥离 剥去青蛙或蟾蜍腿部皮肤,取一小块肌肉束(约0.3cm),用林格液洗去血液,放在载玻片上,用镊子和解剖针剥离肌肉块成为肌束,继续剥离,获得头发丝般粗细的肌纤维(肌细胞)。滴1滴林格液并尽可能拉直肌纤维。盖上盖玻片,即可观察。

7. 青蛙或蟾蜍肝脏压片的制备 剪开青蛙或蟾蜍腹腔,取一小块2~3mm³的肝组织放在小培养皿内,用林格液洗净,用镊子轻压将肝组织中的血挤出,然后放在载玻片上,制片方法同脊髓压片。在压片上滴1滴1%甲基蓝染液,染色5min,盖上盖玻片,吸去多余的染液。

【结果判定】

1. 洋葱鳞茎表皮细胞标本的观察 将制备好的临时装片置低倍镜下观察,可见洋葱鳞茎表皮由许多长柱状、排列整齐且紧密的细胞组成(图5-2)。选择其中一个较典型的细胞移至视野中央,再转换高倍镜进一步观察细胞的结构(图5-3)。

(1)细胞壁:为细胞最外面的一层由多糖类物质组成的较厚结构,它是植物细胞的重要特征之一。细胞膜(质膜)位于细胞壁内侧并与其紧密相贴,光学显微镜下不易分辨。

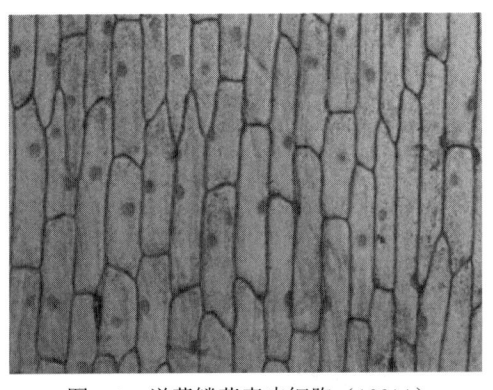

图5-2 洋葱鳞茎表皮细胞(100×)

(2)细胞核:位于细胞中央或靠近细胞边缘,呈圆形或卵圆形,染成棕黄色。转动细准焦螺旋,在细胞核内可以看到1~2个折光较强的核仁。

(3)细胞质:细胞膜与细胞核之间的区域是细胞质,染成浅黄色,其中可以见到一至数个液泡,液泡内充满清澈明亮的液体。

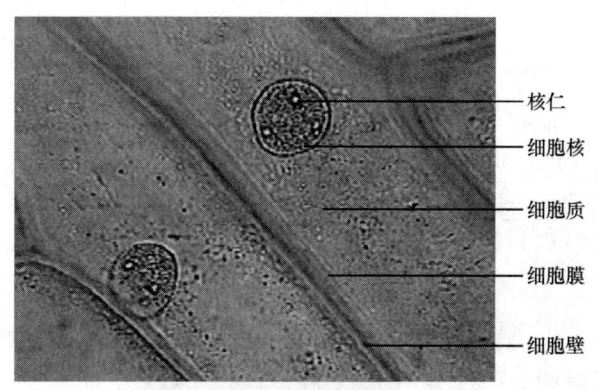

图 5-3　洋葱鳞茎表皮细胞（400×）

2. 人口腔黏膜上皮细胞标本的观察　将制备好的口腔黏膜上皮细胞玻片标本置于显微镜下观察，先用低倍镜观察，可见上皮细胞呈不规则形、扁平椭圆形或多边形，单个或多个连在一起的被染成黄色的细胞即为人口腔黏膜上皮细胞。选择轮廓清晰且无重叠的细胞，移至视野中央，转换高倍镜观察。高倍镜下，可清晰地看到细胞外形扁平而不太规则，中央有一卵圆形的被染成深黄色的细胞核，细胞质染成浅黄色，均匀地分布于细胞核与细胞膜之间（图 5-4）。

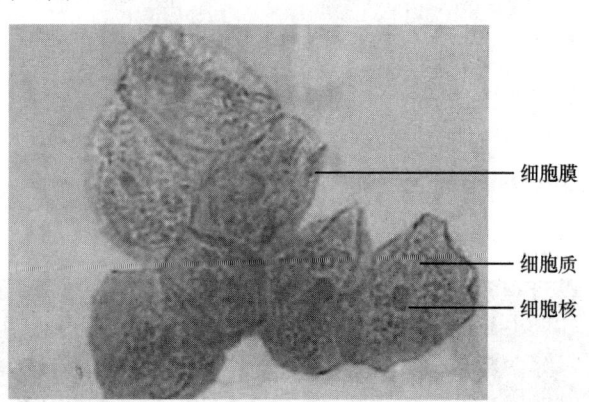

图 5-4　人口腔黏膜上皮细胞（400×）

3. 人外周血血涂片标本的观察　将已染好色的血涂片标本放置于显微镜下，先用低倍镜浏览整张血涂片，选择细胞分布均匀、重叠较少、有核细胞较多的区域，转换高倍镜仔细观察红细胞和白细胞。

在人外周血血涂片上数目最多、体积小、呈双凹圆盘状，无细胞核，细胞质呈粉红色的为红细胞（图 5-5）。白细胞数目较少，寻找较困难，但其细胞体积较大，细胞核明显，形态多样，呈紫蓝色（图 5-5）。

4. 青蛙或蟾蜍血涂片的观察　显微镜下观察可见青蛙或蟾蜍红细胞为椭圆形，细胞质为浅红色，细胞核深染，呈椭圆形（图 5-6）。白细胞数目少，为圆形。

5. 青蛙或蟾蜍脊髓压片观察脊髓前角运动神经细胞　在显微镜下观察，染色较深的小细胞是神经胶质细胞。染成蓝紫色的、大的、有多个突起的细胞是脊髓前角运动神经细胞，其胞体呈三角形或星形，中央有一个圆形细胞核，内有一个核仁（图 5-7，图 5-8）。

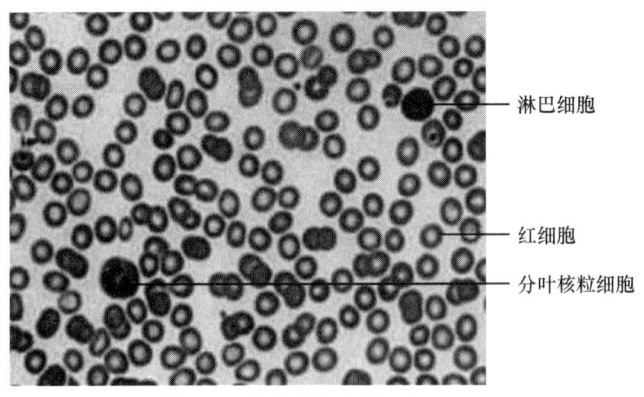

图 5-5　人外周血细胞（400×）

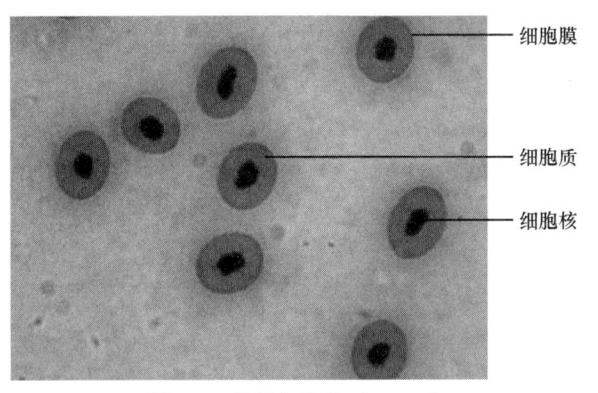

图 5-6　蟾蜍红细胞（400×）

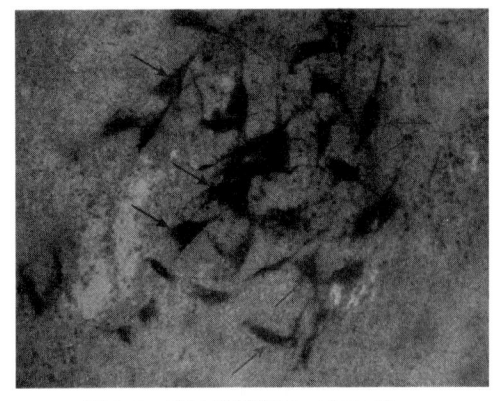

图 5-7　青蛙脊髓压片（100×）　　　　图 5-8　青蛙脊髓压片（400×）

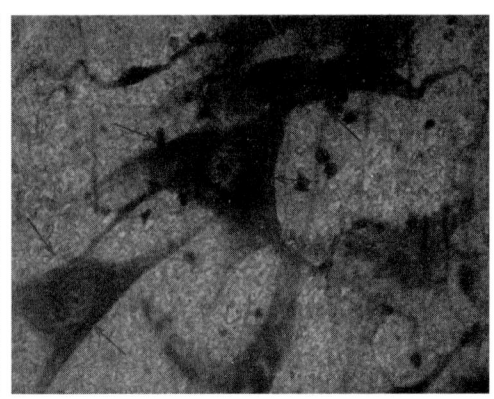

6. 青蛙或蟾蜍骨骼肌细胞的观察　在低倍镜下，肌细胞为圆柱形，每个细胞有多个细胞核。转换高倍镜，可见折光不同的横纹，每个肌细胞有多核，分布于细胞的周边。

7. 青蛙或蟾蜍肝脏细胞的观察　显微镜下观察可见肝细胞核染成蓝色，肝细胞紧密排列，被挤成多角形。

【注意事项】

制备临时玻片标本，特别是血涂片标本，应注意以下问题：

1. 新玻片常有游离碱质，因此应用清洗液或 10% 盐酸浸泡 24h，然后再彻底清洗。用过的玻片可放入适量肥皂水或含合成洗涤剂的水中煮沸 20min，再用热水将肥皂和血膜洗去，用自来水反复冲洗，必要时再置 95% 乙醇中浸泡 1h，然后擦干或烤干备用。

2. 使用玻片时只能手持玻片边缘，切勿触及玻片表面，以保持玻片清洁、干燥、中性、无油腻。

3. 一张好的血涂片，要求厚薄适宜，头尾分明，分布均匀，边缘整齐，两侧留有空隙。血涂片制好后最好立即固定染色，以免细胞溶解和发生退行性改变。

4. 血涂片的血膜未干透，细胞尚未牢固附在玻片上，在染色过程中容易脱落，因此血膜必须充分干燥。

【作业报告】

1. 按生物绘图的要求，绘制洋葱鳞茎表皮细胞图、人口腔黏膜上皮细胞图，并注明细胞各部分结构的名称。

2. 按生物绘图的要求，绘制青蛙或蟾蜍红细胞图、人外周血的红细胞和白细胞图，并注明细胞各部分结构的名称。

3. 请举例说明细胞形态与功能的关系。

附：生物绘图的要求和方法

生物绘图是形象描述生物形态和内部结构的一种重要的科学记录方法。它不同于一般的绘画，要求具有科学性和真实性。在科学研究中常用生物绘图法来反映生物的形态结构特征。绘图记录光学显微镜下所观察到的标本的形态结构，也是细胞生物学实验报告的一种重要形式。基本要求和方法如下：

1. 基本工具为 HB、3H 或 2H 铅笔，软橡皮，直尺。

2. 生物绘图一律用铅笔，铅笔要保持尖锐。图中的各部分以点和线来表示。用线勾画物像的轮廓，线条要匀细且明确清晰。物像中的明暗（或染色深浅）部分用点的疏密表示，注意是铅笔尖垂直向下打点，用力均匀，点要圆且大小一致。不得涂阴影。

3. 在仔细观察和正确理解的基础上，选择有代表性的、典型的、最能说明绘图目的的物像进行描绘。绘图过程中应注意各部分结构的形态、大小、比例关系和明暗（染色深浅）部分，真实、准确地描绘出相应的结构。

4. 绘图时每幅图的大小、位置在实验报告纸上必须安排得当，并注意纸面的整洁美观。因图的右侧和下方需要进行标注，故图通常绘在纸的略偏左上方的位置处。

5. 先用软铅笔（HB）把物像的整体和主要部分轻轻描绘在实验报告纸上，下笔要轻，把草图绘制出来。对草图进行修正和补充后，再用硬铅笔（3H 或 2H）复描一次以定稿。然后根据物像各部分明暗或染色深浅的不同以点的疏密表示出来（图 5-9）。

6. 标注图中的各部分结构名称时，要用直尺在图的右侧引出水平线，各引线间隔要均匀且末端要在同一垂线上。用正楷字体把结构名称注于线之末端，所写之字必须横列。

7. 在图的正下方注明图的名称及显微镜的放大倍数。

（唐泽丽）

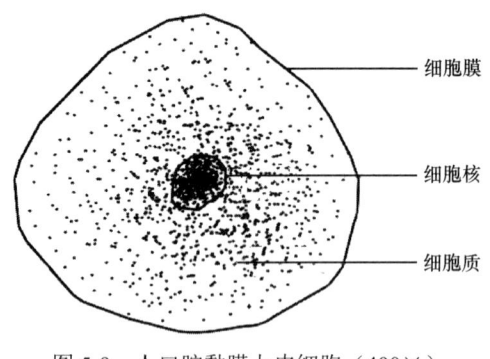

图 5-9 人口腔黏膜上皮细胞（400×）

实验六 细胞组分的分离技术

【实验目的】

1. 掌握细胞匀浆和离心的基本方法。
2. 熟悉细胞组分分离的基本原理。
3. 了解用细胞匀浆和差速离心、密度梯度离心的方法分级分离细胞组分的原理及过程。

【实验原理】

细胞组分是指细胞内部的亚细胞结构，如细胞核、线粒体、溶酶体、高尔基体和内质网等。虽然很早就有人尝试把细胞器从细胞中分离纯化出来，但直到20世纪40年代，随着超速离心机的发明和细胞匀浆技术的运用，人们建立细胞器的离心（centrifugation）分离技术后，才能获得相对纯净的各种细胞器甚至大分子颗粒，进而研究它们各自特有的化学组成、代谢特点、酶活性和具体功能。

（一）离心分离技术的基本原理

离心分离技术，即利用离心机旋转时产生的离心力，将不同大小、比重的颗粒从溶液中分离出来的技术。这是细胞生物学实验中常用的技术方法。由于颗粒间存在大小、比重、形状等方面的差异，它们在同一混悬液中的沉降速度就会各不相同。将这些细小颗粒加入水中制成混悬液后静置，比重大者即可先沉淀到底部，比重最小的颗粒将最后沉降下来。但是，当颗粒极小时，即使该物质的比重大于水，颗粒也很难沉降，这是水分子不停地不定向运动所造成的。在颗粒较大时水分子的运动对颗粒沉降的影响可以忽略，而在颗粒极小时这种影响则不可忽视。这时，要想加速液体中悬浮颗粒的沉降，可以将该液体置于离心场中，使颗粒受较大的沉降作用力，克服液体分子无规则运动对沉降的影响，从而达到加速沉降的目的。

颗粒在离心时受到的沉降作用力即为离心力（F_c），受到颗粒质量（m）、颗粒旋转角速度（ω）及颗粒旋转半径（r，单位 cm）的影响，即 $F_c = m r \omega^2$。

但是通常情况下，文献中常常用相对离心力（RCF 或 g 值）表示旋转转头受到的放射状的力，即离心力与重力之比。因此，$RCF = m r \omega^2 / (mg) = r \omega^2 / g$（$g$ 为重力加速度，

$g=9.8\times100\text{cm/s}^2$)。由于 $\omega=2\pi v/60$（v 为离心机每分钟的转速），所以，为了计算方便，经推导后可得 $\text{RCF}=1.118rv^2\times10^{-5}$。例如：$v=2000\text{r/min}$，$r=12\text{cm}$，则 $\text{RCF}=1.118\times12\times2000^2\times10^{-5}=536.64g$。

（二）离心机的类型

根据离心机的转速，离心机可分为三类：

1. 普通离心机 转速在 5000r/min 以下。

2. 高速离心机 转速在 5000～25 000r/min，因离心时与空气摩擦产热很多，所以高速离心机有制冷装置。

3. 超速离心机 转速在 25 000r/min 以上，可高达 100 000r/min。为了提高转速、降低产热，不但有制冷装置，而且离心室还有真空系统。

（三）离心分离方法

目前，随着细胞生物学、分子生物学的发展，离心分离技术已成为分离、提纯、鉴别细胞组分和生物大分子的重要技术之一。

差速离心（differential centrifugation）是一种常用的离心方法。在密度均一的介质中由低速到高速逐级离心，适用于分离质量、体积相差较大的细胞器。匀浆后的样本先用低速离心，使大的颗粒沉淀；取出上清液后，再将上清液用较高的转速离心，使悬浮在上清液中的颗粒沉淀下来。如此多次离心，可使不同大小的细胞结构得以分离。由于样品中各种大小和密度不同的颗粒在离心开始时均匀分布在整个离心管中，所以每级离心得到的第一次沉淀必然不是纯的最重的颗粒，须经反复悬浮和离心加以纯化。在差速离心中细胞器沉降的顺序依次为细胞核、线粒体、溶酶体与过氧化物酶体、微粒体与高尔基体，最后为核糖体、大分子复合物等（图6-1）。

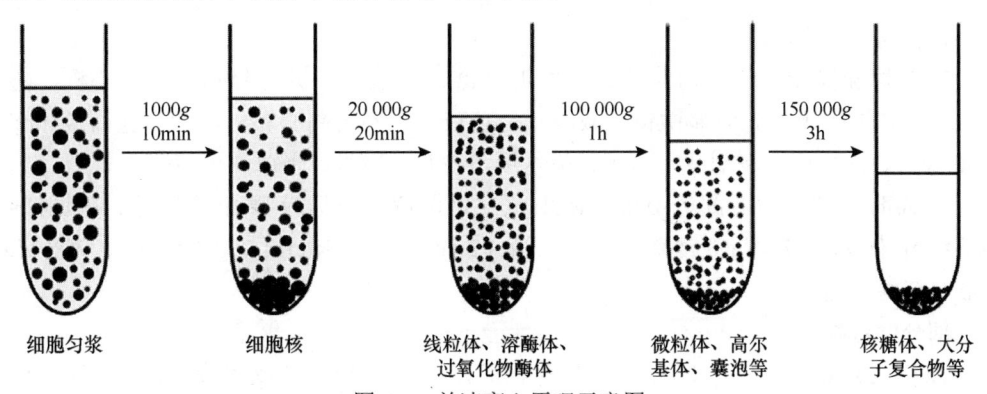

图6-1 差速离心原理示意图

密度梯度离心（density gradient centrifugation）是一种区带分离方法，可分为差速区带离心和等密度区带离心两种类型。在差速区带离心中，样品加在浓度梯度较小的密度梯度介质（一般为5%～20%蔗糖溶液）上层，在一定的离心力作用下，因沉降系数的差异，样品中的组分以不同的速度沉降。沉降系数越大，所呈现的区带也越低，最后在密度梯度介质的不同区域上形成一系列界面清楚的不连续区带。在等密度区带离心中，样品可加在高浓度差的密度梯度介质液面上，或混合在介质中进行离心。在离心力的作用下，不同组分逐渐分开至梯度介质中与自身浮力密度相等的位置上，从而形成沉降带，因此组分得以分离。密度梯度系统是在溶剂中加入一定的梯度介质制成的。梯度介质应有足够大的溶解度，以形成所需的密度。它们不与分离组分反应，也不会引起分离组分的凝聚、变性或失活，常用的有蔗糖、氯化铯等。使用最多的是蔗糖密度梯度系统，其梯度范围是：蔗糖浓度 5%～60%，密度 1.02～1.30g/cm^3。

（四）细胞组分的分离

细胞组分的分离方法已经成为研究亚细胞成分的化学组成、理化性质及其功能的主要手段，一般包括匀浆、分级分离和分析三个步骤。

匀浆：要进行细胞组分的离心分离，首先需要破碎细胞。通常采用渗透压冲击破碎、反复冻融、超声振荡或研磨等方法。取一定量新鲜组织剪碎，加入适量匀浆制备液，用高速电动匀浆器或者玻璃匀浆器磨碎组织。由于匀浆器的捣杆在高速运转中会产生热量，因此在制备匀浆时，需将匀浆器置于冰水中。常用的匀浆制备液有生理盐水、缓冲液和 0.25mol/L 的蔗糖液等，可根据实验的要求加以选择。破碎细胞的悬液称为匀浆，其中包含了细胞核、线粒体、高尔基体、溶酶体、过氧化物酶体等多种膜包围的囊泡，还可以有内质网形成的囊泡——微粒体。

分级分离：应用差速离心、密度梯度离心等方法分离各种亚细胞物质，如线粒体、微粒体、染色体、溶酶体、病毒等。利用超速离心，还可分离蛋白质、DNA 及各种 RNA 等。

分析：将分级分离得到的组分用细胞化学和生物化学方法进行形态和功能鉴定。

【实验物品】

1. 材料 小鼠，冰块。

2. 器材和仪器 玻璃匀浆器、梯度混合器、普通离心机、台式高速离心机、超速离心机、普通天平、光学显微镜、载玻片、盖玻片、刻度离心管、滴管、量筒（10ml）、25ml 烧杯、玻璃棒、解剖剪、镊子、吸水纸、纱布、蜡盘、平皿、牙签等。

3. 试剂 0.25mol/L 蔗糖-0.003mol/L 氯化钙溶液、甲基绿-派洛宁染液、中性红-詹纳斯绿 B 染液、0.9%NaCl 溶液、蔗糖溶液（2.1mol/L、1.1mol/L、0.3mol/L）、95% 乙醇溶液、纯丙酮等。

部分溶液配制：

（1）0.25mol/L 蔗糖-0.003mol/L 氯化钙溶液：蔗糖 85.5g，无水氯化钙 0.33g，加蒸馏水至 1000ml。

（2）甲基绿-派洛宁染液：A 液（2% 甲基绿水溶液 14ml，5% 派洛宁水溶液 4ml，蒸馏水 16ml），B 液[0.2mol/L 乙酸缓冲液（pH4.8）16ml]。使用时，将 A 液与 B 液按 17：8 混合，此液现用现配。

（3）中性红-詹纳斯绿 B 染液：A 液（1% 詹纳斯绿 B 水溶液 3 滴，无水乙醇 5ml，1/15 000 中性红水溶液 1ml），B 液（在 5ml 无水乙醇中加入 20～30 滴 1% 中性红水溶液）。使用时，将 A、B 液混合即可，此液现用现配。

【实验操作】

（一）细胞核的分离提取

1. 用颈椎脱臼的方法处死小鼠后，迅速剖开腹部取出肝脏，尽快将肝脏置于盛有预冷的 0.9%NaCl 溶液的烧杯中。去除结缔组织后，剪成小块，用预冷的 0.9%NaCl 溶液反复洗涤，尽量除去血污，用滤纸吸去表面的液体。

2. 将湿重约 1g 的肝组织放在平皿中。用量筒量取 8ml 预冷的 0.25mol/L 蔗糖-0.003mol/L 氯化钙溶液，先加少量该溶液于平皿中，尽量剪碎肝组织后，再全部加入。

3. 将剪碎的肝组织倒入匀浆管中，使匀浆器下端浸入盛有冰块的器皿中。左手持之，右手将匀浆器捣杆垂直插入管中，上下转动研磨 3～5 次，用 3 层纱布（先用少量 0.25mol/L 蔗糖-0.003mol/L 氯化钙溶液湿润）过滤匀浆液至刻度离心管中。取少量滤液，制备一张滤液涂片①，做好标记，自然干燥。

4. 将装有滤液的刻度离心管配平后，放入普通离心机中，以 2500r/min 离心 15min。缓缓将上清液移入高速刻度离心管 A，保存于盛有冰块的烧杯中，待分离线粒体用。同时，制备一张上清液涂片②，做好标记，自然干燥。

5. 用 6ml 0.25mol/L 蔗糖-0.003mol/L 氯化钙溶液悬浮沉淀物，2500r/min 离心 15min。弃上清，将残留液体用吸管吹打成悬液，滴 1 滴于干净的载玻片上，制备涂片③，自然干燥。

6. 将干燥后的①②③三张涂片浸入 95% 乙醇溶液，5min 后取出，晾干。滴加数滴甲基绿-派洛宁染液于涂片上，染色 20min，再以纯丙酮分色 20s。用蒸馏水漂洗后，直立于吸水纸上吸干水分。待晾干后，将涂片置于光学显微镜上，用高倍镜观察。

（二）线粒体的分离提取

1. 将上述装有上清液的高速刻度离心管 A，从装有冰块的烧杯中取出。配平后，以 17 000r/min 离心 20min。

2. 缓缓取出上清液，移入高速刻度离心管 B 中，保存于装有冰块的烧杯中，待分离微粒体用。同时，制备一张上清液涂片⑥，做好标记，自然干燥。

3. 在沉淀物中加入 0.25mol/L 蔗糖-0.003mol/L 氯化钙溶液 1ml，用吸管轻轻吹打，制成悬液。

4. 以 17 000r/min 离心 20min，将上清液吸入另一刻度离心管中，留取沉淀物。在沉淀物中加入 0.25mol/L 蔗糖-0.003mol/L 氯化钙溶液 0.1ml，混匀成悬液（可用牙签辅助）。

5. 取上清液和沉淀悬液各 1 滴，分别制备上清液涂片④和沉淀涂片⑤，各滴 1 滴中性红-詹纳斯绿 B 染液，盖上盖玻片，染色 15min。将涂片置于光学显微镜上，用高倍镜观察。

（三）微粒体的分离提取

将上述装有上清液的高速刻度离心管 B，从装有冰块的烧杯中取出。配平后，以 100 000g 的相对离心力离心 60min，弃掉上清液，留取沉淀，沉淀即为微粒体。

（四）溶酶体的分离

1. 用颈椎脱臼的方法处死小鼠后，迅速剖开腹部取出肾脏，称重。按重量：体积为 1∶8 的比例加入 0.3mol/L 蔗糖溶液，倒入玻璃匀浆器中，匀浆肾脏组织。用3层纱布（先用少量 0.3mol/L 蔗糖溶液湿润）过滤匀浆液于刻度离心管中。

2. 以 750g 的相对离心力离心 10min，将上清液吸出至另一刻度离心管，弃沉淀。

3. 将上清液以 9000g 的相对离心力离心 3min，弃掉上清液，留取沉淀物。

4. 沉淀分为3种不同颜色层，从上至下依次为白色、黄褐色、暗褐色，上层为膜成分的混合物，中间层为线粒体，下层则为半纯化的溶酶体。用吸管吸走上层沉淀后，沿管壁缓缓加入 0.3mol/L 蔗糖溶液数毫升，慢慢摇动刻度离心管，使中间界面层悬浮起来，弃之。剩下的沉淀即为下层的半纯化的溶酶体部分。

5. 用 0.3mol/L 蔗糖溶液洗涤沉淀1次，加入 2.5ml 0.3mol/L 蔗糖溶液，形成半纯化的溶酶体悬液。

6. 在梯度混合器的两个小杯中分别装入 2.1mol/L 蔗糖溶液 117ml 和 1.1mol/L 蔗糖溶液 13ml，制备蔗糖梯度溶液。

7. 取 2ml 溶酶体悬液，小心铺在蔗糖梯度溶液表面，用玻璃棒搅动最上层的蔗糖溶液，使蔗糖溶液和溶酶体悬液之间的界面破坏。

8. 以 100 000g 的相对离心力离心 150min 后，梯度溶液出现3条明显的区带和较少的沉淀。最下层的暗黄色到褐色的带即为纯化的溶酶体。

注意：本实验中所有的溶液、玻璃器械、刻度离心管及仪器必须在 0～4℃ 条件下预冷，并且要始终置于冰上。离心转头也必须预冷至相同温度。

【结果判定】

1. 细胞核的观察。在编号分别为①②③的三张涂片中，每张涂片中细胞核被染成蓝绿色，核仁和细胞碎片被染成淡红色。细心观察每张涂片中细胞核的形态、细胞核与核仁和细胞碎片的比例。随着离心速度的变化，细胞核与核仁和细胞碎片的比例会发生较明显的变化。

2. 线粒体的观察。在编号分别为④⑤的两张涂片中，每张涂片中线粒体被染成亮绿色。观察线粒体之间的差异。

3. 微粒体和溶酶体的观察。微粒体及溶酶体可采用电子显微镜观察或者利用相应的试剂盒鉴定，此处略。

【注意事项】

1. 匀浆时充分破碎组织时间不宜过长。

2. 离心机需保持水平位置。

3. 离心前，必须将装有内容物的刻度离心管在天平上配平，且保证转子对称位置的离心力相等。转头中不可装载单数的刻度离心管。

4. 离心过程中不得打开离心机盖，不得随意离开。启动或离心过程中出现异常声响时，要立即停机进行检查处理。

5. 注意掌握离心的时间和速度，注意低温操作。进行密度梯度离心时，若离心时间过长，容易因颗粒的扩散作用而使区带扩宽。

【作业报告】

1. 思考细胞核与核仁和细胞碎片的比例发生变化的基本原理。
2. 比较不同涂片中线粒体表现的差异，思考其原因。
3. 记录本次实验的具体过程，分析、评价实验结果的质量。

（章　欢）

实验七　细胞超微结构

【实验目的】

1. 掌握各种细胞器的超微结构。
2. 了解电子显微镜的基本结构和工作原理。
3. 了解电子显微镜的基本操作及超薄切片技术。

【实验原理】

细胞是生物结构和功能的基本单位。在光学显微镜下可以观察到细胞的细胞质、细胞核、线粒体等，然而光学显微镜的分辨率只能达到 0.2μm，对于细胞的超微结构则无法观察到。超微结构（ultrastructure）又称亚显微结构，是在电子显微镜下观察的细胞内微细结构，主要是一些细胞器，包括细胞膜、内质网、高尔基体、核糖体等。电子显微镜技术的不断完善，使人们对细胞的认识和研究发展到了超微结构与功能活动紧密结合的"细胞生物学"阶段。根据电子显微镜的工作方式，可以将电子显微镜分为两类：透射电子显微镜和扫描电子显微镜。

（一）透射电子显微镜

1. 透射电子显微镜的结构　透射电子显微镜（transmission electron microscope，TEM）简称透射电镜，主要是让电子束穿透样片而成像（图7-1）。透射电镜的基本结构由三部分构成：电子光学系统（简称镜筒）、真空系统及供电系统。镜筒由照明系统、样品室、成像系统、观察窗和记录用的照相机等组成。透射电镜的镜筒是由电子枪、6～8级电磁透镜（electron magnetic lenses）及一些光路元件组成的密闭圆筒，可以控制电子束的形状和发射强度，是透射电镜的核心。电子枪发射电子波作为"光源"，而电磁透镜则能控制电子的轨道，因为电子是带电的，所以电磁透镜能够改变电子束的方向。在透射电镜中有

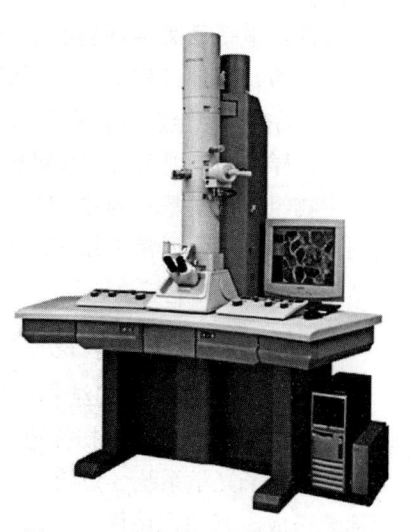

图7-1　透射电子显微镜外形结构图

5个电磁透镜,根据每个磁场的功能并沿用光学显微镜的称谓习惯,自上而下依次称为:第一和第二聚光镜、物镜、中间镜(2～3级)和投影镜。样品置于末级聚光镜和物镜之间。观察室和照相室在投影镜下方。透射电镜有庞大的供电系统和真空系统,其中真空系统用两种类型的真空泵串联起来,从而获得电镜镜筒中的真空,当电镜启动时,第一级旋转式真空泵获得低真空,第二级采用油扩散泵而获得高真空。

2. 透射电子显微镜的基本工作原理 "质量-厚度"(mass-thickness,ρt)反差成像原理,可以对多数生物样品的透射电镜图像的成像过程进行描述。电镜的镜筒内建立强加速场,生物样品常采用60～100kV的加速电压。电子枪阴极发射出的电子在加速场中获得速度和能量,足以透射过50～70nm厚的生物样品并使之成像。聚光镜使来自电子枪的电子束聚焦,并常以散焦的状态泛光式地照射在样品上。此时,入射电子束与样品原子之间相互作用发生一种物理现象,即电子散射(electron scattering)。在电子散射过程中,大部分电子可直接透过样品,称为直接透射电子(transmission electrons,TE);少部分电子在穿透样品过程中出现运动方向改变及能量损失,称为弹性散射电子(elastically scattered electrons),或非弹性散射电子(inelastically scattered electrons)。样品结构的ρt越高,元素的原子序数越大,电子散射越强,直接透射电子越少,而弹性或非弹性散射电子越多。样品下方设计了一个30～80μm的小孔,称反差光圈(contrast aperture),拦截(吸收)散射强的电子,TE部分的弱散射电子则可通过,而通过反差光圈进入成像系统的TE就携带有样品的微细结构信息。相对ρt高的结构区域,电子散射强,能通过反差光圈进入成像系统的TE少;反之,则多。这些TE经过几级成像透镜的放大,由末级投影镜投射到观察室荧光屏上,激发荧光屏发出可见光。TE多,荧屏亮;TE少,荧屏暗。屏点的亮暗程度一一对应着样品微细结构ρt的高低。这样,生物样品的透射电子显微图就形成了,其图像分辨率(resolution)比透射电镜的分辨本领(resolving power)差1个数量级。事实上,透射电镜成像机制比上述复杂得多,尤其对原子尺度的透射电子显微成像,则必须用波的传输理论解释,相关理论和技术属于高分辨率电子显微学的范畴。

3. 透射电子显微镜样品的制备 有较高要求:第一,电镜具有极高的分辨率,因此样品在制备、固定过程中,必须保持超微结构的完整。第二,由于电镜内部环境为高度真空,样品需要完全脱水。第三,样品需要制成足够薄的切片,确保电子束可以有效穿过。常规电镜样品的包埋剂常用环氧树脂,用超薄切片机切成薄片厚度不超过250nm。第四,由于生物组成元素基本为C、H、O、N等较轻元素,对电子束散射效应微弱,因此产生的图像反差较小,通常需用重金属盐(乙酸铀及柠檬酸铅等)对样品进行染色来增加细胞结构间的反差。

(二)扫描电子显微镜

1. 扫描电子显微镜的结构 扫描电子显微镜(scanning electron microscope,SEM)简称扫描电镜,在结构上扫描电子显微镜与透射电子显微镜有某些相似之处。扫描电子显微镜由电子光学系统(镜筒)、扫描系统、信号检测及显示系统、供电系统、真空系统五部分组成。其中,镜筒是由电子枪、几级电磁透镜和样品室组成的。在扫描电子显微镜镜筒中所有电磁透镜均位于样品上方，主要起聚焦电子束的作用，而且一直在聚焦状态工作（透射电子显微镜一般在散焦状态工作），形成的电子束比透射电子显微镜细3个数量级，可达3～10nm或更细，有"探针"之称。

2. 扫描电子显微镜的基本工作原理 扫描电子显微镜的分辨本领虽然不如透射电子显微镜，但却具有很强的立体感，可以在亚细胞水平上生动地显现生物样品的三维结构，适合于观察样品的表面形貌，在生物学上，通常用于观察研究组织和细胞表面的三维立体显微及亚显微结构。扫描电子显微镜与透射电子显微镜相同之处是都采用电子束作光源，电磁场作透镜。其差别之处主要是电子束、电子束照射样品的方式和被利用来成像的信号电子不同。扫描电子显微镜主要是利用二次电子信号成像来观察样品的表面形态，即用极狭窄的电子束去扫描样品，通过电子束与样品的相互作用产生各种效应，其中主要是样品的二次电子发射。二次电子发射能够产生样品表面放大的形貌像。这个像是在样品被扫描时按时序建立起来的，即使用逐点成像的方法获得放大像。

3. 扫描电子显微镜样品的制备 由于扫描电子显微镜仅能观察样品表面，因此样品无须制成薄片，对样品的大小也没有严格要求。另外，扫描电子显微镜样品的制备因材料和目的不同可有各种方法，其基本过程通常包括固定、脱水、干燥和包被金属膜等步骤。常用的包被法有喷镀法和离子束溅射法等，喷镀金属薄膜可增加次生电子，以产生鲜明的影像。

【实验物品】

1. 材料 小鼠肝脏、植物叶片、各种细胞超微结构电镜照片、幻灯片，以及电镜超薄切片技术视频。

2. 器材和仪器 电子显微镜、多媒体、锋利刀片、镊子、牙签、烤箱、低温操作台、1.5ml EP管、培养皿。

3. 试剂 2.5% 戊二醛（需要现配现用）、0.1mol/L PBS、1% 锇酸、乙醇、丙酮、Epon 812 包埋剂、乙酸铀染液、柠檬酸铅染液、乙酸异戊酯。

【实验操作】

（一）电子显微镜的使用（演示内容）

1. 透射电子显微镜的使用

（1）开启冷却水循环装置，启动稳压电源，稳定在220V。

（2）启动真空泵，等待镜体抽真空。当真空度达到要求后，启动高压获得照明。

（3）抽出样品支架，放入载有样品的铜网，将支架送入样品室。

（4）调节第二聚光镜获得合适的亮度，利用样品移动螺杆选择观察范围，并调节中间镜电流控制放大倍数。

（5）先在低倍放大下观察标本，再换高倍放大观察，并对结果进行拍照记录。

（6）使用完毕，先关闭机器，再关闭冷却循环水和总电源。

2. 扫描电子显微镜的使用

（1）开启电子交流稳压器，电压指示应为220V。开启冷却循环水装置电源开关。

(2)开启样品室真空开关和控制柜电源开关。

(3)20min 后,往样品室液氮冷井中加入液氮。

(4)样品放入样品室,后将样品室进气阀控制开关关闭抽真空,并开启镜筒真空隔阀。

(5)选择适当的加速电压、观察区域、放大倍数、工作距离、图像聚焦及对结果拍照记录。

(6)关主机电源开关和真空开关。20min 后,关冷循环水和电子交流稳压器开关,最后关闭总电源。

(二)电子显微镜超薄切片的制备

1. 透射电镜超薄切片的制备

(1)取材:采用颈椎脱臼法处死小鼠,迅速解剖并暴露肝脏。剪取一小块肝脏组织,放在预冷的培养皿中并滴加几滴预冷的戊二醛预固定。再用锋利的刀片将组织块切成 $0.5 \sim 1\text{mm}^3$ 的小块,立即转入盛有预冷戊二醛的小瓶中,在 $0 \sim 4℃$ 下固定约 4h。

(2)固定:用 0.1mol/L PBS 漂洗样品 3 次,每次 10min,再用 1% 的锇酸固定 $1 \sim 2\text{h}$。

(3)脱水与浸透:用滤纸吸干样品上的液体,用 0.1mol/L PBS 漂洗 3 次,每次 10min;将样品依次放入 50% 乙醇溶液、60% 乙醇溶液、70% 乙醇溶液、80% 乙醇溶液、90% 乙醇溶液、90% 乙醇与 90% 丙酮混合液(1:1)、纯丙酮中处理,每级脱水 $15 \sim 20\text{min}$。后用 100% Epon812 包埋剂浸泡过夜或 $1 \sim 2\text{d}$,使包埋剂完全浸入组织。

(4)包埋和聚合:在洁净的包埋模具中滴加一滴包埋剂,将样品小心放入模具中央,再向模具中缓慢注满包埋剂。将包埋好的样品放入烤箱中,经过连续加热,使包埋剂固化成为包埋块。包埋块性质稳定,可长期保存。

(5)包埋块的修整:为获得形状和大小合适的包埋块,可以用刀片对其进行修整。先用刀片削去包埋块顶端的包埋介质,使样品块暴露出来,再沿样品四周斜切去四个面的树脂,成为一个面锥体,再用刀片除去尖端,切成梯形。

(6)玻璃刀的制备:常见超薄切片刀有钻石刀和玻璃刀。玻璃刀造价低廉,制作简便,利用制刀机可以方便地获得,因而经常使用。制好的玻璃刀呈三角形,刀口平直锐利,为了使切取的切片漂浮在水面上便于收集,可以用胶带在玻璃刀上粘制一个水槽。

(7)支持膜的制备:透射电镜的样品是放置在直径 3mm 的小金属网上的,通常还需要衬以支持膜,防止切片掉落或者卷曲。常用的支持膜有聚乙烯醇缩甲醛膜(Formvar 膜)、火棉胶膜和炭膜等。

(8)超薄切片:操作步骤如下。①上样:用样品夹固定样品块,再将样品夹安装到切片机的样品臂上;②上刀:将玻璃刀安装在切片机的刀台上,注意使刀刃、样品头和标尺处于同一水平面上;③在光镜下对刀:调节切片机的粗调和细调旋钮,并在切片机附带的实体镜中注意观察,使刀接近样品;④向玻璃刀上的小水槽中加入蒸馏水,使水面达到刀刃位置,并调节照明灯的光斑集中在水面上;⑤自动切片,从切片呈现的干涉颜色可以判断切片的厚度,一般金黄色和银白色的切片厚度较为理想,既有足够的分辨率,又有较好的反差;⑥捞片:用镊子夹住附有支持膜的铜网,轻轻接触切片,切片就会由于液体表面张力粘在铜网上。之后放入铺有滤纸的培养皿中晾干。

(9) 染色：为增大生物样品的反差，常用重金属盐对样品进行染色。在蜡盘上滴1 滴乙酸铀染液，将载有样品的铜网扣在染液中，样品向下，加盖防尘，室温下染色30min 后，用蒸馏水冲洗铜网和切片。在蜡盘上滴 1 滴乙酸铅染液，再将样品扣在其中染色 10min。取出铜网，用蒸馏水冲净后放入样品盒中自然晾干。

2. 扫描电镜样品的制备与观察

（1）取材：在载玻片上滴加少许戊二醛，将植物叶片立即放入其中，并用锋利的刀片将叶片切割成 3～5mm² 的小块。

（2）清洗：用牙签将叶片块轻轻拨入放有 0.1mol/L PBS 的小瓶中，单向摇动小瓶漂洗 1h，其间更换 PBS 3～4 次。

（3）固定：4℃下，用戊二醛固定 1～3h，或用锇酸固定 30～60min，用 PBS 漂洗 1h，其间更换 PBS 3～4 次。

（4）脱水：吸除 PBS，依次用 30% 乙醇溶液、50% 乙醇溶液、70% 乙醇溶液、80% 乙醇溶液、90% 乙醇溶液、无水乙醇逐级梯度脱水，视样品大小，每级处理时间 15～30min，处理中防止样品在空气中干燥。

（5）置换乙醇：吸除乙醇，加入乙酸异戊酯与乙醇的混合液（1∶1），浸泡 10～20min，再吸除混合液，注入纯乙酸异戊酯，浸泡 10～20min。

（6）干燥：将样品保持在潮湿状态放入临界点干燥仪的样品篮中，充入液体 CO_2，使液面高于样品篮，关闭进液阀。缓慢放出 CO_2 气体，只留少量液体浸没样品。重复上述充液排气过程 3 次，使样品中的乙酸异戊酯被液态 CO_2 完全取代。向样品室内重新充入 70% 左右的液体 CO_2，并打开放气阀缓慢释放 CO_2 气体。待样品室温度降至室温，压力降至 0，即取出样品。

（7）粘贴样品：用抛光膏将样品台擦拭干净，再用丙酮擦去抛光膏，晾干。用牙签在样品台上涂少许导电胶，用镊子轻轻将样品贴牢在胶上，观察面向上，待胶干透。

（8）喷镀：抬起真空喷镀仪的钟罩，将样品水平放置在样品座上。先用挡板遮住样品，避免热辐射对样品的破坏。逐步增大电流，使金属丝在钨丝上熔化。观察到金属开始蒸发时，移开挡板，稍增大电流，让金属喷射到样品上。可以在样品旁边预先放置一块白瓷片，通过瓷片上喷镀的金属的颜色来估计喷镀金属的厚度，一般以淡茶色或茶色为宜，此时喷镀厚度为 20～30nm。喷镀完成后 10min 再放气取出样品，以免炽热的金属膜被空气氧化。

【细胞各部分超微结构】

1. 细胞膜（cell membrane） 在电镜照片上呈现为"两暗夹一明"的三层结构，内、外两层为电子密度较高的致密层（暗层），两层之间为电子密度较小的疏松层（亮层），这种三层结构称为单位膜（unit membrane），是生物膜的基本结构（图 7-2）。

2. 线粒体（mitochondrion） 在电镜下的纵切图片呈现长椭圆形结构，由内、外两层单位膜包围而成。外膜平滑连续，围绕形成封闭结构；内膜向内延伸折叠，形成许多板状或管状的嵴（cristae）。内、外膜之间的腔隙称外腔，内膜围成的内部腔隙称内腔，内腔里充满了基质，基质中可有电子致密度很高的基质颗粒（matrix grain）。在内膜的基质面有许多有柄小球体,称为基粒(图7-3)。

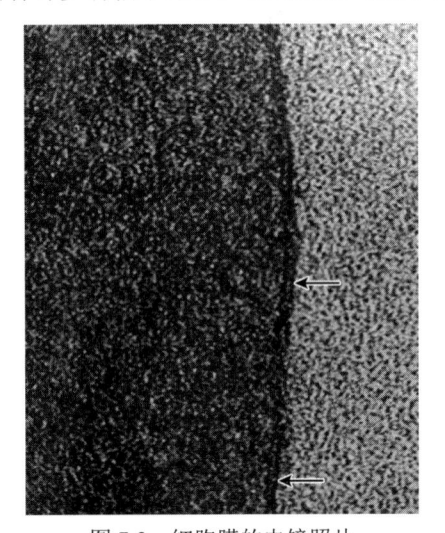

图7-2 细胞膜的电镜照片

左侧高电子密度区与右侧低电子密度区之间的纵行边界即为细胞膜,箭头所示等部分区段能看到"暗-明-暗"三层电子密度

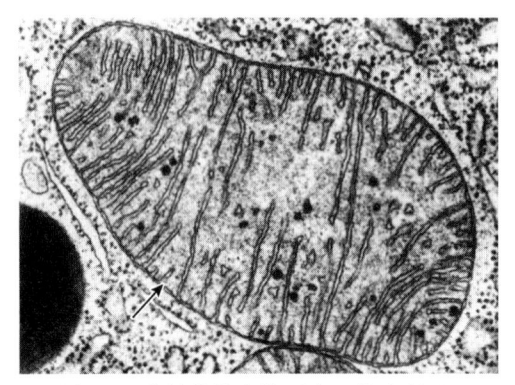

图7-3 线粒体的电镜照片(箭头所示)

3. 内质网(endoplasmic reticulum,ER） 内质网是由一层单位膜所形成的囊状、泡状和管状结构,并形成一个连续的网膜系统。根据内质网膜表面是否附有核糖核蛋白体(核糖体),可将内质网分为两种:糙面内质网和光面内质网。

(1) 糙面内质网(rough endoplasmic reticulum,rER):在电镜下大都呈片状排列,为互相连通的扁平囊状为主的膜性管道系统,切面上呈管状或泡状,膜表面附有颗粒状的核糖体。糙面内质网主要参与外输性蛋白质和新生蛋白质的合成、加工及转运,因此在具有分泌蛋白质功能的细胞中较为发达(图7-4)。

(2) 光面内质网(smooth endoplasmic reticulum,sER):在电镜下呈表面光滑的分支小管或小泡样结构,有的彼此相连成网,膜表面无核糖体附着,且常与糙面内质网相互连通。光面内质网是一种多功能细胞器,在不同细胞或是不同生理状态下,其形态、空间分布、发达程度存在差异,并发挥不同的功能特性。主要参与细胞的脂类代谢、糖类代谢和解毒功能(图7-5)。

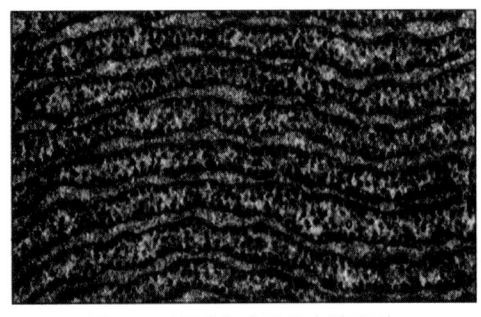

图7-4 糙面内质网的电镜照片

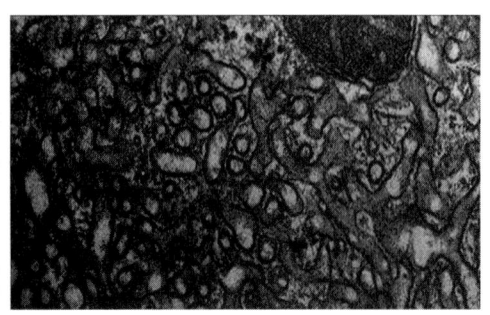

图7-5 光面内质网的电镜照片

4. 高尔基体（Golgi body） 电镜下可见高尔基体由膜性的扁平囊、大囊泡和小囊泡组成（图7-6）。

（1）扁平囊：是构成高尔基体的主要结构，一般3～8个扁平囊泡重叠在一起，平行排列，中间窄，两端略微膨大，略弯曲成弓形，形成凸、凹两个面。凸面称为顺面（cis-face），又称形成面，面向细胞核和内质网。凹面称为反面（trans-face），又称成熟面，靠近细胞膜，产生许多分泌泡。扁平囊内含中等电子密度物质。

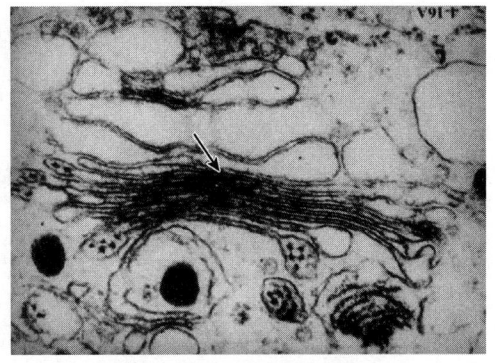

图7-6 高尔基体的电镜照片
箭头示扁平囊

（2）小囊泡：主要分布于顺面，且数量较多，多为表面光滑的小泡，内含低电子密度物质，因此较透明。

（3）大囊泡：主要分布于反面，是由扁平囊末端不断膨大断离而成，内含高电子密度物质，又称浓缩泡。

5. 核糖体（ribosome） 由rRNA和蛋白质组成的非膜性细胞器，普遍存在于细胞质基质中或者附着在糙面内质网上。电镜下呈现无膜的不规则颗粒状结构小体，直径为15～25nm。核糖体是细胞中蛋白质的合成场所，而在合成蛋白质时，会形成多聚核糖体（polyribosome），即在同一条mRNA分子上，按先后顺序依次结合许多核糖体（图7-7）。因此，电镜下核糖体常聚集成群，呈环状或螺旋状排列。根据核糖体的分布分为两种类型：游离核糖体（free ribosome）和附着核糖体（membrane-bound ribosome）。游离核糖体游离在细胞质基质中，主要合成细胞自身所需的结构蛋白；附着核糖体常附着于糙面内质网上，主要合成外输性的分泌蛋白。

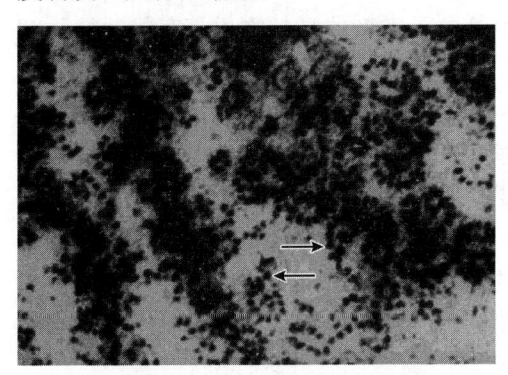

图7-7 多聚核糖体的电镜照片（箭头所示）

6. 溶酶体（lysosome） 是由一层单位膜围成的囊泡状结构，内含多种酸性水解酶，根据溶酶体是否含有作用底物可分为初级溶酶体和次级溶酶体。

（1）初级溶酶体（primary lysosome）：是从内质网或高尔基体刚分离出来的溶酶体（图7-8）。其中含有多种水解酶，但不含底物，尚未进行消化作用，电镜下可见内容物电子密度均一的圆球状结构，常存在于高尔基体的反面附近。

（2）次级溶酶体（secondary lysosome）：当初级溶酶体与细胞内、外的底物融合，并进行消化作用，即形成次级溶酶体（图7-9）。电镜下可见次级溶酶体体积较大，呈多种形态，内容物电子密度不均匀。当次级溶酶体不能再进行消化作用后，形成残余体（residual body），残余体在不同细胞中冠以不同名称，如脂褐质、髓样体等。

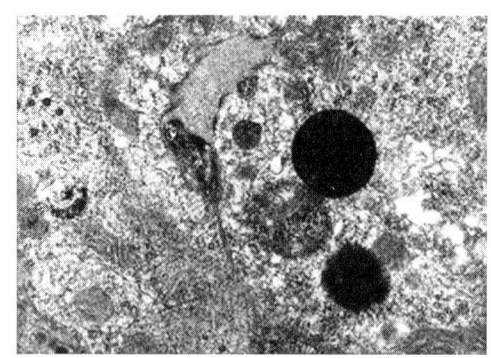

图 7-8　初级溶酶体的电镜照片 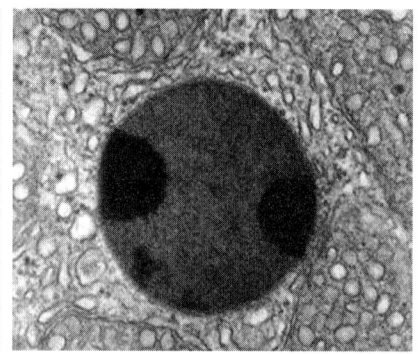　　　　　图 7-9　次级溶酶体的电镜照片

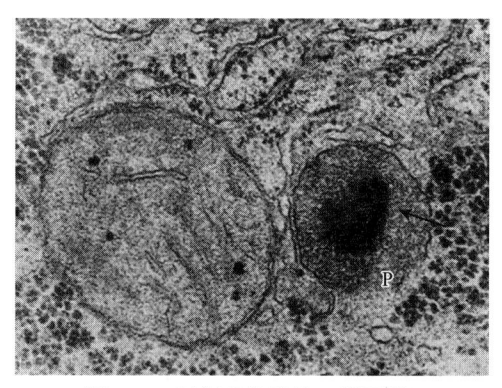

7. 过氧化物酶体（peroxisome） 也称微体（microbody），在电镜下是由一层单位膜围成的圆形或椭圆形细胞器，一般比溶酶体小，常见于肝细胞和肾小管细胞中糙面内质网的周围（图 7-10）。过氧化物酶体基质内含中等电子密度的颗粒物质，有些动物肝细胞、肾细胞的过氧化物酶体中含电子密度较高、排列规则的结晶状结构，称拟晶体。它是尿酸氧化酶的结晶，可作为电镜下识别的主要特征。

图 7-10　过氧化物酶体（纵面观）
P, 过氧化物酶体；箭头示类晶体

8. 细胞骨架（cytoskeleton） 指真核细胞中的蛋白质纤维网络结构，是细胞活动中的动态体系，除维持细胞形态外，还参与细胞运动、物质运输、信息传递、基因表达和细胞分裂等，包括微管、微丝和中间丝（图 7-11）。

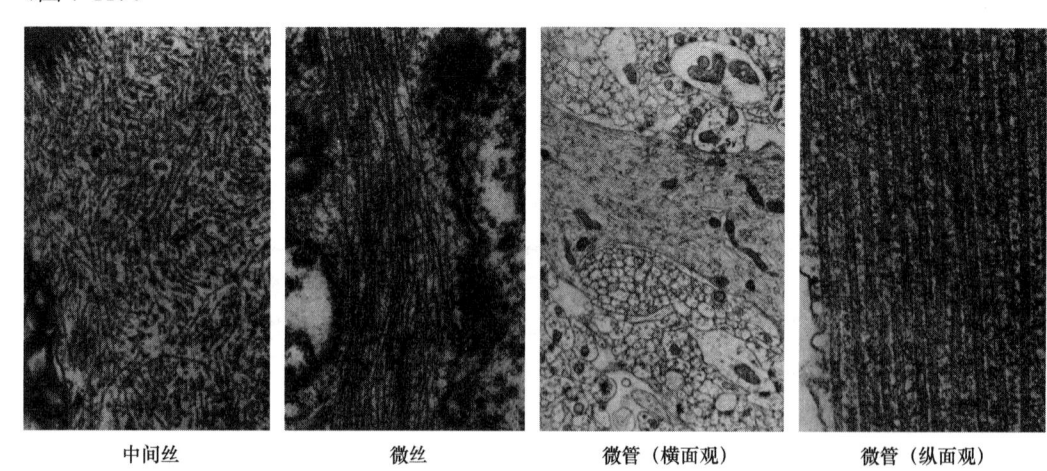

中间丝　　　　微丝　　　　微管（横面观）　　　　微管（纵面观）
图 7-11　细胞骨架的电镜照片

（1）微管（microtubule）：主要成分是微管蛋白，电镜下呈中空的柱状结构，其外径

为 20～25nm，分散存在于细胞质中。细胞质中的微管主要以单管微管存在，不稳定，参与细胞的形态维持和运动，也可形成二联管或三联管，构成纤毛、鞭毛、中心体等细胞器。

（2）微丝（microfilament）：实心纤维状结构，直径 5～6nm，分散存在或交织成网状，或紧密排列成束。

（3）中间丝（intermediate filament）：又称中间纤维，是介于微管和微丝之间的纤维状结构，直径 10～20nm，主要存在于上皮、神经和肌细胞中。

9. 中心粒（centriole） 是由微管构成的细胞器（图 7-12），成对出现，普遍存在于动物细胞和低等植物细胞中。它主要参与细胞的分裂活动，为细胞的运动和染色体移动、分离提供能量。电镜下见到的中心粒是成对且互相垂直的中空圆筒状小体。圆筒壁由 9 组三联体微管组成，各组三联体微管之间斜向排列，呈风车状。中心粒位于间期细胞核附近或有丝分裂细胞的纺锤体极区中心，有时移至细胞表面纤毛和鞭毛的基部，则称基体。

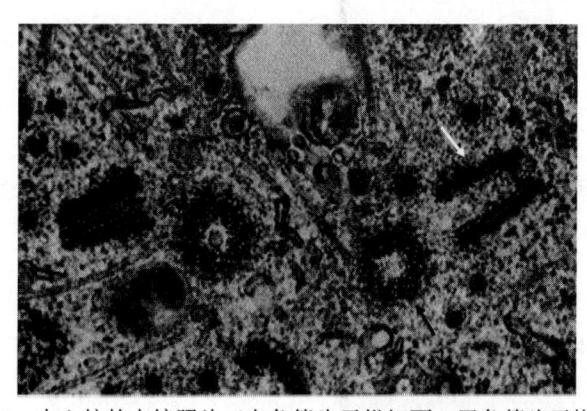

图 7-12 中心粒的电镜照片（白色箭头示纵切面，黑色箭头示横切面）

10. 细胞核（nucleus） 是真核细胞最大的细胞器，多数位于细胞的中央，是遗传物质储存、复制和转录的场所。在间期细胞中，可在电镜下观察到核被膜、核孔、染色质及核仁结构。

（1）核被膜（nuclear envelope）：电镜下可见由双层单位膜构成——内核膜和外核膜，外核膜上有核糖体附着，并与糙面内质网连续；内核膜平滑，靠向核质，与电子致密的核纤层紧密相贴（图 7-13）。内外两层核膜之

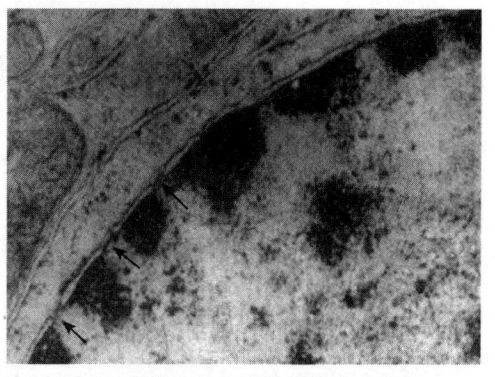

图 7-13 电镜下的细胞核膜（箭头示核孔）

间的间隙称为核周间隙（perinuclear space）。核被膜上分布许多由内外两层核膜局部融合形成的小孔，称为核孔（nuclear pore），其周围有环状结构组成核孔复合体。

（2）染色质（chromatin）：电镜下的间期细胞核内，染色质呈纤维状、颗粒状和团块状结构。经固定染色后呈现着色深浅不同的两种区域，着色深的电子密度较高的区域

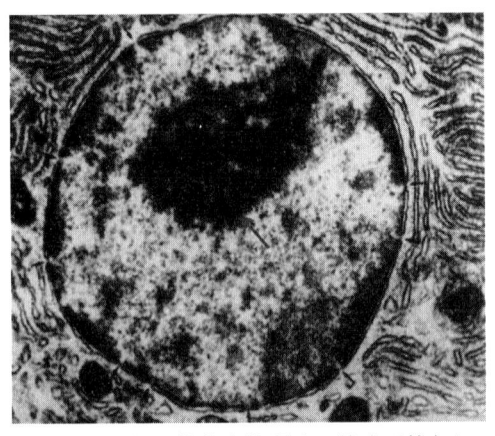

图 7-14 细胞核的电镜照片（箭头示核仁）

为异染色质（heterochromatin），以分布在核周围为主；着色较浅的电子密度较低的区域为常染色质（euchromatin），以分布在核中央为主。

（3）核仁（nucleolus）：间期细胞核内可有一个或者数个圆形或卵圆形的核仁（图 7-14）。电镜下核仁具有较高的电子密度，无被膜，呈海绵状结构。核仁内部结构可分为 4 个组成部分。①纤维部分：为紧密排列的纤维丝构成核仁的海绵状网架；②颗粒部分：分散于网架之间，或围绕着纤维丝的致密颗粒；③核仁相随染色质，即核仁组成中心的染色质部分：包括核仁周围染色质和核仁内染色质，它们在间期以染色质的形式与核仁保持联系；④核基质：为无定形的蛋白质性液体，电子密度低，充满于上述各部分的间隙。

【注意事项】

1. 电子显微镜属大型贵重仪器，学习使用时需在专业人员指导下进行。

2. 因仪器数量问题，本实验内容参观需分组进行。

【作业报告】

1. 绘制在电镜下所观察到的各超微结构的线条简图。

2. 用文字简要注明真核细胞各种细胞器的名称及其结构特征。

（郑　旭　罗深秋）

实验八　细胞中 DNA、RNA 的染色观察

【实验目的】

1. 掌握福尔根反应和布拉谢反应的染色方法与操作步骤。

2. 熟悉福尔根反应和布拉谢反应的基本原理。

3. 了解细胞中 DNA 和 RNA 的分布。

实验八彩图

【实验原理】

福尔根反应是由福尔根和罗森贝克于 1924 年发明的一种经典又实用的 DNA 特异染色方法。其基本原理是在稀盐酸（1mol/L HCl）的作用下水解 DNA，打断脱氧核糖与嘌呤碱基之间的糖苷键，脱去部分嘌呤碱，暴露出脱氧核糖上的游离醛基，这些醛基在原位与希夫试剂（无色品红亚硫酸溶液）反应，生成含有醌基的紫红色化合物，使细胞内含有 DNA 的部位（如细胞核）呈紫红色。该反应除可显示细胞或组织中 DNA 的分布外，

还可利用其显色强度与 DNA 含量成正比的特性，通过图像分析仪对细胞或组织中的 DNA 含量进行定量分析，或者结合流式细胞仪分析某一细胞群体的细胞周期变化特点。

布拉谢反应是利用碱性染料甲基绿和派洛宁对细胞内 DNA 和 RNA 亲和力的不同从而分别着色的方法。甲基绿与聚合程度较高的 DNA 分子有较强的亲和力，可将 DNA 分子染成绿色或者蓝绿色；而派洛宁易与单链的 RNA 分子结合，使其显示红色。利用这两种染料的混合液可同时对细胞内 DNA 和 RNA 进行染色，显示 DNA 和 RNA 在细胞内的分布。

【实验物品】

1. 材料 洋葱根尖，洋葱内表皮，蛙血。

2. 器材和仪器 普通光学显微镜，蛙血涂片（临时制片），载玻片，盖玻片，刻度离心管，吸管，吸水纸，擦镜纸，香柏油，镜头清洗液，恒温水浴锅，温度计，尖头镊子，小剪刀等。

3. 试剂 1mol/L HCl 溶液，希夫试剂，亚硫酸氢钾溶液，4.5% 乙酸溶液，甲醇冰醋酸固定液，甲基绿-派洛宁混合液，蒸馏水，70% 乙醇溶液，纯丙酮等。

【实验操作】

（一）福尔根反应显示细胞中 DNA 的分布

1. 剪取 0.5cm 长的新鲜洋葱根尖，放入 10ml 刻度离心管。

2. 加入事先在 60℃恒温水浴锅中预热好的 1mol/L HCl 溶液 1ml，浸泡根尖，将离心管置于 60℃恒温水浴锅中水解 8～10min，弃去 HCl 溶液。

3. 加入 1ml 蒸馏水漂洗 1～2min，重复 2～3 次，最后一次尽量将蒸馏水去除干净。

4. 加入 0.5ml 希夫试剂遮光染色 30～60min。

5. 用新配制的亚硫酸氢钾溶液漂洗 3 次，每次约 2min，直至出现红色。

6. 自来水漂洗 3 次，每次 2min，再用蒸馏水漂洗 1 遍。

7. 将洋葱根尖置于干净的载玻片上，滴 1 滴 4.5% 乙酸溶液，然后盖上盖玻片，轻压（呈扁平云雾状，使细胞分离为单层分布）。

8. 在低倍镜下区分洋葱根尖的分生区与伸长区，将视野中央对准根尖的分生区细胞，再转换高倍镜，观察细胞各部分结构及染色现象。

（二）布拉谢反应显示细胞中 DNA 和 RNA 的分布

1. 蛙血细胞中 DNA 和 RNA 的分布

（1）推片：用滴管滴 1 滴蛙血于靠近载玻片一端的中间位置，立即取另一块载玻片放置于血滴前方 2～3cm 处（图 8-1①），慢慢地往后移动去接触血滴（图 8-1②），同时调整两块载玻片的角度为 30°～45°，然后匀速较快地往前推（图 8-1③），室温下晾干。整个过程如图 8-1 所示。

（2）固定：将血涂片平放在实验台上晾干，滴数滴 70% 乙醇溶液固定 8min，晾干。

（3）染色：在血涂片上滴加数滴甲基绿-派洛宁混合液，染色 10～20min。

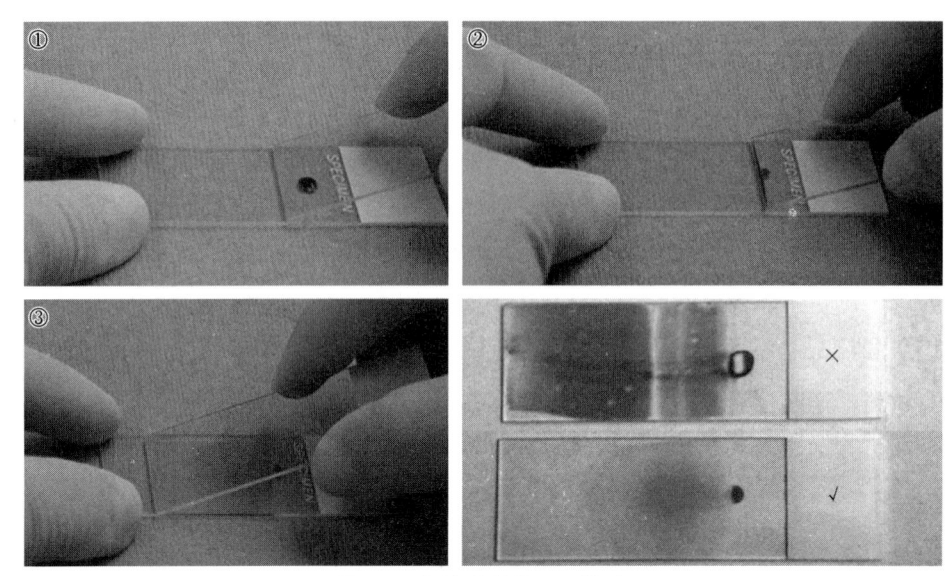

图 8-1 血涂片制作——推片

(4) 冲洗：用自来水或蒸馏水小心洗涤血涂片 2～3 次，每次数秒钟，再用吸水纸吸干血涂片上多余的水分。

(5) 分化：滴数滴纯丙酮于血涂片上分化数秒钟，倾斜载玻片弃去液体，晾干。

(6) 观察：镜检。

2. 洋葱内表皮细胞中 DNA 和 RNA 的分布

(1) 取材：用小镊子撕取 0.5cm²（0.5cm×1.0cm）大小的洋葱内表皮，平铺于载玻片上。

(2) 固定：滴 1～2 滴甲醇冰醋酸固定液于洋葱内表皮上，固定 5min。

(3) 染色：滴 2 滴甲基绿-派洛宁混合液于洋葱内表皮上，染色 10～20min。

(4) 冲洗：用自来水或蒸馏水小心洗涤 2～3 次，每次数秒钟，然后立即用吸水纸吸干以防派洛宁脱色，晾干。

(5) 观察：盖上盖玻片后镜检。

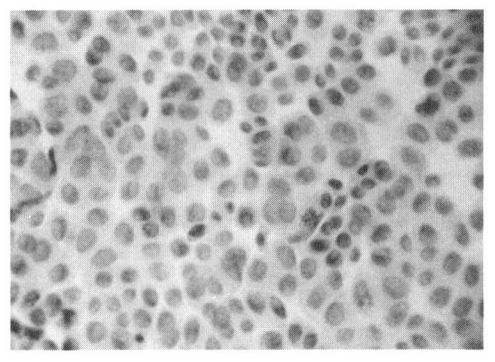

图 8-2 福尔根反应的洋葱根尖细胞
（希夫染色，400×）

【结果判定】

1. 福尔根反应 细胞核呈紫红色，核仁显粉红色或无色，细胞其他区域无色（图 8-2）。选择一个染色典型的分生区细胞绘制在实验报告纸上。

2. 布拉谢反应

(1) 血涂片：红细胞呈圆形或椭圆形，细胞质呈粉红色（富含 RNA），细胞核位于细胞中央，呈绿色（富含 DNA），见图 8-3。

(2) 洋葱内表皮细胞：洋葱内表皮细

的细胞质被染成红色（富含 RNA），细胞核被染成绿色或蓝绿色（富含 DNA），核仁显紫红色（富含 RNA），见图 8-4。

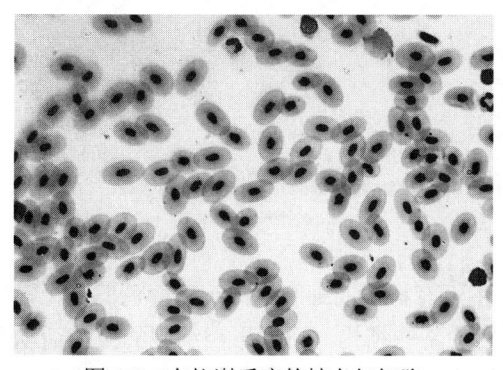

图 8-3　布拉谢反应的蛙血红细胞
（甲基绿-派洛宁染色，400×）

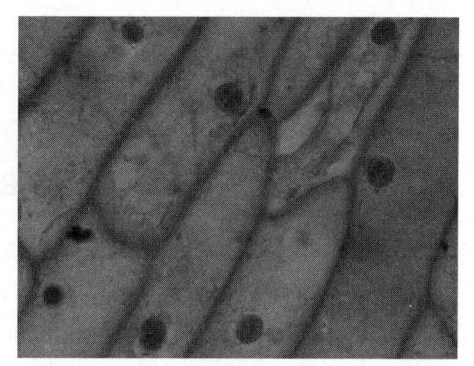

图 8-4　布拉谢反应的洋葱内表皮细胞
（甲基绿-派洛宁染色，400×）

【注意事项】

1. 福尔根反应酸水解时，必须掌握适当的酸浓度、水解温度和水解时间，如果酸水解不足，会造成醛基暴露不完全，反应变弱；如果酸水解过分，会导致 DNA 异常降解，同样导致反应变弱，甚至出现阴性反应。一般的水解时间应控制在 8～10min，温度在 60℃。

2. 希夫试剂和亚硫酸氢钾溶液需新鲜配制，并用棕色试剂瓶避光保存，避免暴露于空气中氧化变色及失效。

3. 每次加溶液前先去除原来的溶液，注意保留洋葱根尖在离心管内。

4. 制作血涂片时取血量只要一小滴，血滴越大，血膜越厚。血膜过厚会使血细胞堆积而无法观察单个细胞。除血滴的大小外，推片的角度和速度也是重要的影响因素，通常推片与玻片间的角度越大，血膜越厚；角度越小，速度越快，则血膜越薄。一般以 30°～45° 角度推片，使血片前端呈单层细胞均匀分布。

5. 派洛宁易溶于水，用蒸馏水冲洗标本时要严格控制时间，防止过度脱色。

6. 甲基绿-派洛宁染色时间要足，丙酮分化时间不能太长，否则会脱色。丙酮试剂的批次、细胞种类和状态不同，需要的分色时间也不同，一般 2～3s 即可。

【作业报告】

1. 绘制在高倍镜下所观察到的福尔根反应的洋葱根尖细胞和布拉谢反应的蛙血红细胞图片与洋葱内表皮细胞图片。

2. 简要说明亚硫酸氢钾溶液在福尔根反应中的作用。

3. 详细说明布拉谢反应中甲基绿和派洛宁分别染色 DNA 和 RNA 的原理。

（牟贤波）

实验九　细胞活体染色和观察

【实验目的】
1. 掌握细胞活体染色的原理和技术。
2. 掌握临时制片技术。
3. 观察动、植物活细胞内线粒体、液泡系的形态、数量与分布。

【实验原理】
细胞活体染色（以下简称活染），是指对生活有机体的细胞或组织能着色但又无毒害的一种染色方法。它的目的是显示生活细胞内的某些结构，而不影响细胞的生命活动和产生明显的物理、化学变化以致引起细胞受损或死亡。活染技术可用来研究生活状态下的细胞形态结构和生理、病理状态。

根据所用染色剂的性质和染色方法不同，通常把活体染色分为体内活染和体外活染两类。体内活染是以胶体状的染料溶液注入动、植物体内，染料的胶粒固定、堆积在细胞内某些特殊结构里，达到易于识别的目的。体外活染又称超活染色，它是从活的动、植物分离出部分细胞或组织小块，以染料溶液浸染，染料被选择固定在活细胞的某种结构上而显色。

不是所有染料都可以作为活体染色剂，应选择那些对细胞无毒性或毒性极小的染料，而且应配成稀淡的溶液来使用。一般选用碱性染料，可能是因为它具有溶解类脂质的特性，易于被细胞吸收。詹纳斯绿B（Janus green B）和中性红（neutral red）两种碱性染料是活体染色剂中最重要的染料，对于线粒体和液泡系的染色各有专一性。詹纳斯绿B可专一性地对线粒体进行活染，这是由于线粒体内的细胞色素氧化酶系的作用，使染料始终保持氧化状态（即有色状态），呈蓝绿色。中性红对液泡系的染色具有专一性，将活细胞中的液泡系染成红色。

【实验物品】
1. 材料　人口腔黏膜上皮细胞、小麦或黄豆幼苗根尖。

2. 器材和仪器　显微镜、恒温水浴锅、剪刀、镊子、解剖刀、载玻片、盖玻片、吸管、牙签、吸水纸等。

3. 试剂　林格液（氯化钠0.85g，氯化钾0.25g，氯化钙0.03g，蒸馏水100ml）、1/5000詹纳斯绿B溶液〔称取0.5g詹纳斯绿B溶于5ml林格液中，稍加热（30～40℃）溶解，用滤纸过滤后，即为1%原液。取1ml 1%原液加入49ml林格液，即得1/5000工作液，将其装入棕色瓶中备用，最好现配现用，以保持充分的氧化能力〕、1/3000中性红溶液〔称取0.5g中性红溶于50ml林格液，稍加热（30～40℃）溶解，用滤纸过滤，装入棕色瓶中于暗处保存。临用前取1ml 1%原液加入29ml林格液，即得1/3000工作液，将其装入棕色瓶中备用〕等。

【实验操作】

1. 线粒体的超活染色与观察

（1）取清洁载玻片放在37℃恒温水浴锅的金属板上，滴2滴1/5000詹纳斯绿B染液。

（2）漱口，用牙签宽头在自己口腔颊黏膜处刮取上皮细胞，第一次刮取时会有较多死细胞因而舍弃牙签；重新取一牙签在原地刮活的上皮细胞，在1/5000詹纳斯绿B染液中从左往右滚动牙签，使细胞分散，染色10～15min（注意不可使染液干燥，必要时可再加滴染液）。

（3）盖上盖玻片，如果1/5000詹纳斯绿B染液过多，可用吸水纸吸去四周溢出的染液，置显微镜下观察。

（4）先在低倍镜下选择平展的口腔上皮细胞，再换高倍镜或油镜进行观察。

2. 小麦或黄豆根尖细胞液泡系的中性红染色与观察

（1）实验前，将小麦或黄豆种子培养在培养皿内潮湿的滤纸上，使其发芽，胚根伸长到1cm以上。

（2）取初生的小麦或黄豆幼苗根尖（1～2cm长）置于载玻片上，滴1滴林格液，用镊子或刀片小心将根尖压成一薄片，吸去林格液，在材料上滴1滴1/3000中性红染液，染色5～10min。

（3）吸去染液，滴1滴林格液，盖上盖玻片，并用镊子轻轻地下压盖玻片，使根尖压扁，利于观察。

（4）先在低倍镜下找到根尖部分的生长点，再换高倍镜观察细胞，然后，由生长点向伸长区观察。

【结果判定】

1. 口腔黏膜上皮细胞及线粒体在显微镜下的形态　低倍镜下找到清晰细胞后换高倍镜观察，可见扁平状上皮细胞散在或成团，细胞质染色淡，细胞核染色略深，细胞核周围细胞质中分布着一些被染成蓝绿色的颗粒状或短棒状的结构，即线粒体（图9-1）。

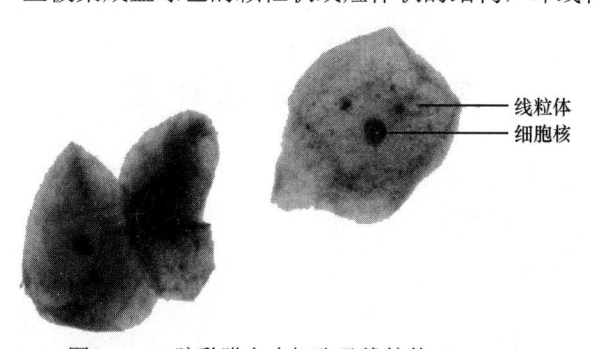

图9-1　口腔黏膜上皮细胞及线粒体（400×）

2. 黄豆根尖细胞液泡系在显微镜下的形态　低倍镜下找到清晰细胞后换高倍镜观察，可见生长点的细胞胞质中散在很多大小不等的染成玫瑰红色的圆形小泡，这是初生的幼小液泡。由生长点向伸长区，在一些已分化长大的细胞内，液泡的染色较浅，体积增大，数目变少。在成熟区细胞中，一般只有一个淡红色的巨大液泡，占据细胞的绝大部分，将细胞核挤到细胞一侧贴近细胞壁处（图9-2）。

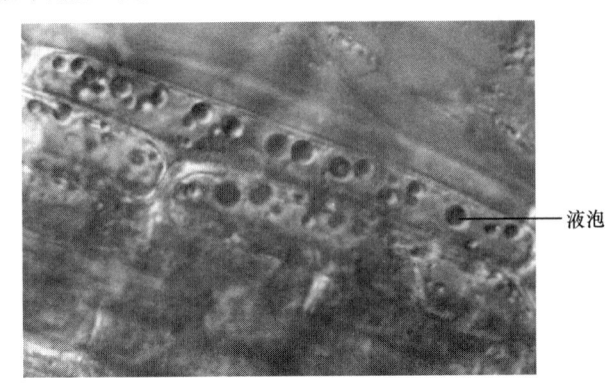

图9-2 黄豆根尖细胞液泡系（400×）

【注意事项】

1. 刮取口腔黏膜上皮细胞时应去除衰老细胞，刮取活力较好的细胞。

2. 染色过程中不可使染液干燥，可适当补加染液。

3. 制片时一定要让材料尽量展开。

【作业报告】

1. 绘制在高倍镜下所观察到的口腔黏膜上皮细胞线粒体形态示意图。

2. 绘制在高倍镜下所观察到的黄豆根尖细胞液泡系形态示意图。

3. 用一种活体染色剂对细胞进行超活染色，为什么不能同时观察到线粒体、液泡系等多种细胞器？

4. 小麦或黄豆幼苗根尖经中性红染液超活染色，为什么看到生长点的细胞中液泡多，而且染色深，伸长区细胞中液泡数量变少，染色浅？

（李　靖）

实验十　细胞计数

【实验目的】

1. 掌握细胞计数的基本方法。

2. 了解血细胞计数器的构造。

【实验原理】

细胞计数就是从需要计数的细胞悬液中取一定量细胞进行计数，并通过计数得知原始细胞悬液中的细胞密度及细胞总数。在细胞计数时，若细胞浓度太高，可进行必要的稀释。常用的细胞计数有细胞电子计数仪计数法和血细胞计数器计数法，但细胞电子计数仪计数法在许多实验室尚未完全推广，血细胞计数器计数法仍是实验室目前常用的方法。

血细胞计数器（图 10-1）是一块特制的厚载玻片，其上有 4 条与长边垂直的凹槽，每两个槽之间构成一个平台，故有三个平台，其中两侧平台比中间平台高 0.1mm。中间平台较宽，又有一条与长边平行的短槽将其一分为二，在每一半（计数池）上各刻有一个方格网（图 10-2，图 10-3），方格网的边长为 3mm，分为 9 个大方格，每一大方格的长和宽各为 1mm，深度为 0.1mm，盖上盖玻片后容积为 $0.1mm^3$，相当于 0.0001ml。四角的四个大方格分别以单划线分为 16 个方格（图 10-3，图 10-4），用于细胞计数。

图 10-1 血细胞计数器

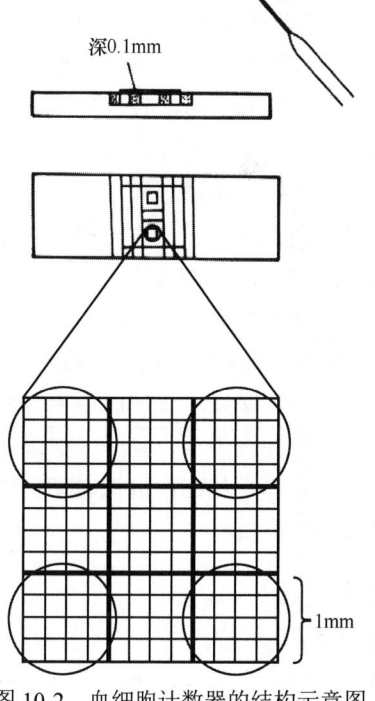

图 10-2 血细胞计数器的结构示意图 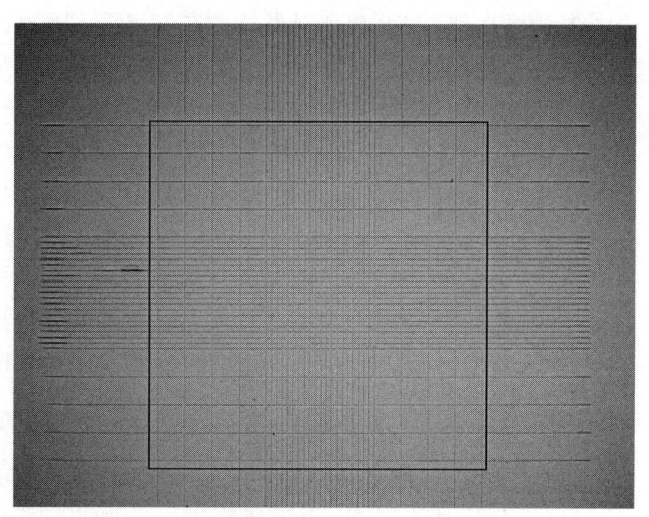　　图 10-3 镜下血细胞计数器 1 个计数池的图像（100×）

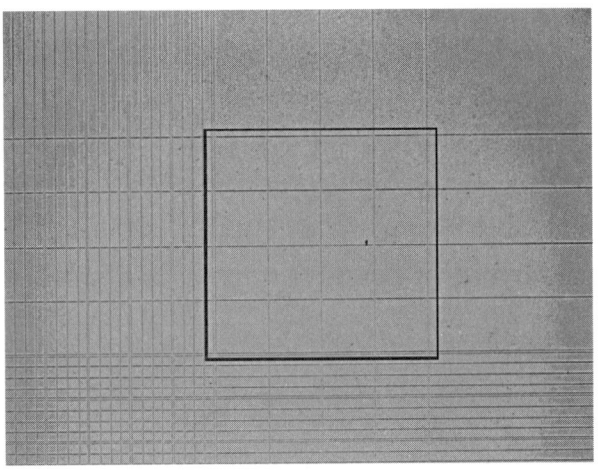

图 10-4 镜下 1 个计数池中 1 个大格的图像（200×）

【实验物品】

1. 材料 1% 鸡红细胞悬液。
2. 器材和仪器 显微镜、血细胞计数器、盖玻片、吸管、吸水纸等。
3. 试剂 0.85% 生理盐水。

【实验操作】

1. 取清洁的血细胞计数器一块，平放于桌面上，在血细胞计数器上方加盖盖玻片。

2. 用吸管混匀待计数的鸡红细胞，吸取一滴 1% 鸡红细胞悬液，从盖玻片与血细胞计数器交界部位滴入细胞计数池，使 1% 鸡红细胞悬液自然流入血细胞计数器池并充满其内，注意应防止悬液溢出槽外或产生气泡，否则应重新滴加。

3. 稍候片刻，将血细胞计数器放在低倍镜下观察计数（寻找时可通过缩小光圈、降低聚光镜、开低电源电压等方式减少进光量，使视野稍偏暗），数出四角四大方格（每个大方格分 16 个小方格）内的细胞数。

4. 将血细胞计数器立即用流水冲洗干净，若 1% 鸡红细胞悬液变干，细胞被固定在计数器上，则很难用流水冲洗干净，必须用优质脱脂棉湿润后轻轻擦洗，再用流水冲洗干净，晾干（血细胞计数器的计数池内刻度非常精细，清洗时切勿用试管刷或其他粗糙物品擦拭）。

【结果判定】

细胞计数的方法见图 10-5。

如果细胞聚成一团，则按一个细胞计数；如果细胞压在线上，则数上不数下，数左不数右（图 10-5 中白圈为有效计数细胞，黑圈为无效计

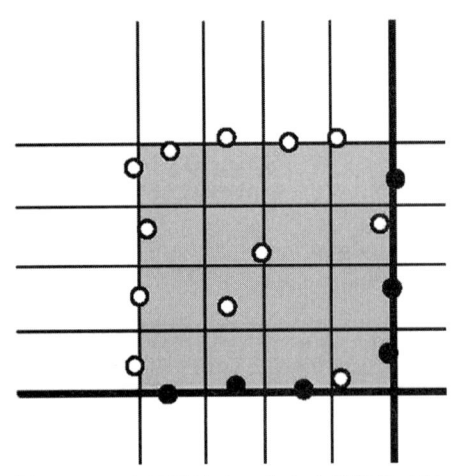

图 10-5 1 个计数池中 1 个大方格计数方法的模式图

数细胞），二次重复计数误差不应超过±5%。计数完成后，按下式计算出不同稀释倍数细胞悬液的细胞浓度：

细胞浓度（细胞个数/ml）=（4个大方格的细胞个数/4）×10^4×稀释倍数

进行细胞计数时力求准确，至少重复计数2~3次，取平均数为计数结果。

【注意事项】

1. 进行细胞计数时，要求悬液中细胞数目不低于10^4个/ml，如果细胞数目很少，要进行离心再悬浮于少量培养液中。
2. 要求细胞悬液中的细胞分散良好，否则影响计数准确性。
3. 取样计数前，应充分混匀细胞悬液，尤其是多次取样计数时更要注意每次取样都要混匀，以求计数准确。
4. 数细胞的原则是只数完整的细胞，若细胞聚集成团，则只按一个细胞计算。
5. 操作时，注意盖玻片下不能有气泡，也不能让悬液流入旁边槽中，否则要重新计数。

【作业报告】

1. 算出计数的结果。
2. 计数时，发现计数器不干净，应怎样快速地清洗计数器？为什么？
3. 为什么细胞计数时，细胞悬液溢出凹槽外或有气泡时要重做？

（柯志勇）

实验十一 细胞中糖、脂的显示方法

【实验目的】

1. 掌握 PAS 反应原理及方法，了解细胞中糖的分布。
2. 掌握苏丹Ⅲ染色原理及方法，了解细胞中脂的分布。

实验十一彩图

【实验原理】

1. 细胞中糖的显色原理 动物组织的糖类主要分为多糖、寡糖和单糖，其中多糖包括主要糖原、糖胺聚糖、糖蛋白、糖脂等，因其富含二醇基，故称过碘酸希夫反应（periodic acid Schiff reaction，简称 PAS 反应）呈阳性。过碘酸是一种强氧化剂，能将多糖分子中二、三位碳原子分开，特异性地将 1,2-乙二醇基（CHOH—CHOH，顺式和反式）氧化成两个游离的醛基（—CHO）。游离醛基与希夫试剂结合反应，于多糖存在部位生成不溶性紫红色产物，可通过显微镜观察细胞内多糖分布。产物颜色深浅与多糖含量成正比，因为过碘酸可以选择性地氧化和断裂多糖分子中连二羟基或连三羟基处，生成相应的多糖醛、甲醛或甲酸，且反应定量地进行，每开裂一个 C—C 单键消耗 1 分子过碘酸，所以通过测定过碘酸消耗量及甲酸的释放量，也可以用来判断多糖分子中糖苷键的位置、类型、多糖的分支数目和取代情况等。希夫试剂制备所用的染料碱性品红（basic fuchsin）是一种混合物，其主要成分是副品红碱，为三氨基三苯甲烷的氯化物，其中的醌基正是品红显色的原因。在酸化的品红中加入亚硫酸或亚硫酸盐，醌式结构的双键被破坏而消失，品红被还原为无色的品红-亚硫酸（或称白亚磺酸），即希夫试剂。

2. 细胞中脂的显色原理 脂是油、脂肪、类脂的总称，一般把常温下是液体的称作油，而把常温下是固体的称作脂肪。人体内的脂主要分为脂肪与类脂，其中脂肪包括1分子的甘油和3分子的脂肪酸。脂肪酸又分为不饱和脂肪酸与饱和脂肪酸两种，动物脂肪以饱和脂肪酸为多，在室温中呈固态。类脂包括胆固醇、脑磷脂、卵磷脂等，具有储存和供给能量，保护内脏、维持体温，协助脂溶性维生素的吸收，参与机体各方面的代谢活动等功能。大多动物细胞都含有脂肪，如肝细胞，游离状态的脂肪呈小滴状悬浮于细胞质内。苏丹染料是一种脂溶性染料，易溶于乙醇溶液但更易溶于脂肪，所以当含有脂肪的标本与苏丹染料接触时，苏丹染料即脱离乙醇溶液而溶于该含脂肪结构中，被溶解吸附而显色。苏丹Ⅲ染液为含70%乙醇饱和液或丙酮和70%乙醇等量饱和液，乙醇溶液和丙酮对染料和脂肪都是很好的溶剂，可以染色大的脂肪积累块，将其染为橙红色。苏丹Ⅲ染液可用于染色冷冻切片中的甘油三酯或石蜡切片中与蛋白质结合的脂类。脂肪染料一般选用有机溶剂作溶剂，要求既要溶解苏丹染料，又不溶掉脂肪。脂肪不溶于水，易溶于浓乙醇、苯、氯仿和乙醚等，因此制作脂类标本一般不用石蜡切片，而用冷冻切片或铺片法以保存脂类。显示脂类时常用甲醛作为固定剂，其虽不能直接固定脂类，但可通过凝固脂类周边的蛋白质使脂类保持在原位。

【实验物品】

1. 材料 小鼠肝脏石蜡切片、小鼠肝脏冷冻切片。

2. 器材和仪器 旋转混匀器、恒温水浴锅、染色缸、载玻片、盖玻片、光学显微镜等。

3. 试剂 希夫试剂（将0.5g碱性品红加入100ml煮沸蒸馏水中，时时摇荡玻璃瓶，煮5min，使之充分溶解，然后冷却至50℃时过滤，加入10ml的1mol/L HCl，冷却至25℃时加入0.5g偏重亚硫酸钠，在室温下静置24h，其颜色呈褐色或淡黄色，加活性炭0.5g摇1min，过滤，滤液为无色。制成的希夫试剂应置于棕色瓶中，瓶塞需拧紧并用黑纸包裹，避光保存于4℃，保质期可达半年）；亚硫酸盐溶液（10%偏重亚硫酸钠10ml，1mol/L的HCl 10ml，蒸馏水180ml）；0.5%过碘酸乙醇溶液[过碘酸0.4g，95%乙醇35ml，0.2mol/L乙酸钠（2.72g+100ml蒸馏水）5ml，蒸馏水10ml]；卡努瓦固定液（无水乙醇30ml、冰醋酸30ml，或无水乙醇60ml、氯仿30ml、冰醋酸10ml）；苏丹Ⅲ染液[将0.15g苏丹Ⅲ溶解于100ml 70%乙醇或纯丙酮和70%乙醇混合液中（各50ml），临用时过滤，所得滤液即为饱和浓度]；甘油明胶（明胶40g，蒸馏水210ml，甘油250ml，苯酚结晶5ml；先将明胶浸入蒸馏水中2h或更长时间，然后加甘油和苯酚，加热15min，摇搅直至混合均匀为止）；乙醇溶液；二甲苯；埃利希铝苏木精；1%盐酸-乙醇分化液等。

【实验操作】

（一）细胞中糖的显色实验

1. 由卡努瓦固定液固定的小鼠肝脏石蜡切片经二甲苯和各级乙醇溶液脱蜡复水后（二甲苯Ⅰ、Ⅱ 30min，无水乙醇、90%乙醇溶液、80%乙醇溶液、70%乙醇溶液、蒸馏水各 2min），蒸馏水洗 3 次。

2. 将切片浸入 0.5% 过碘酸乙醇溶液作用 5min。

3. 蒸馏水洗 3 次，总共约 10min。

4. 浸入希夫试剂中，室温阴暗处染色 15min。

5. 浸入亚硫酸盐溶液洗 3 次，每次 2min，把多余染色剂漂洗掉（也可直接用自来水洗）。

6. 蒸馏水洗直到切片变成红色，1min 左右。

7. 用 95% 乙醇溶液脱水 2 次，无水乙醇脱水 2 次，每次 2min。

8. 二甲苯透明，甘油明胶封片，显微镜观察。

（二）细胞中脂的显色实验

1. 将小鼠肝脏冷冻切片室温放置 1h 自然晾干，蒸馏水洗涤 2～3 次。

2. 将切片浸染于埃利希铝苏木精中淡染 2～3min，染细胞核。

3. 用自来水冲洗浮色 5min，如果染色很深，用 1% 盐酸-乙醇分化液分色，再经自来水冲洗 5min，色度合适后浸入蒸馏水。

4. 将切片浸入 70% 乙醇 2～3min，再放入苏丹Ⅲ染液内 30min 或更长时间。

5. 切片用 70% 乙醇浸洗 2～5min，再用蒸馏水浸洗 2～5min，切片移于玻片上，将切片周围的水分小心擦掉。

6. 甘油明胶封片，显微镜观察。

【结果判定】

1. **细胞中糖的显示结果** 糖在细胞中的分布情况：PAS 阳性反应物呈颗粒、均质或团块状，分布于细胞质中（图 11-1）。

2. **细胞中脂的显示结果** 脂类在细胞中的分布：脂肪呈橙红色，胆脂素呈淡红色，脂肪酸不着色，细胞核呈蓝色（图 11-2）。

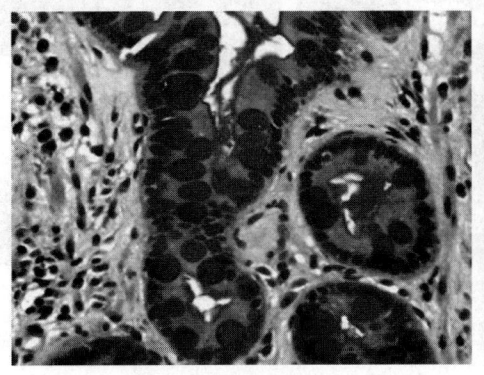

图 11-1 细胞中糖的显示结果　　图 11-2 细胞中脂的染色

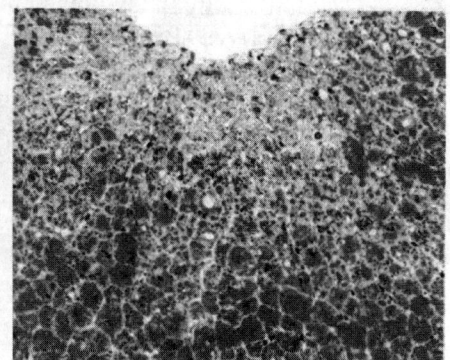

【注意事项】

1. 染糖原时要注意材料制备过程中尽量不要接触水。

2. 在糖显色过程中注意过碘酸的反应时间与环境温度有关。

3. 在脂类显色过程中，注意染液的蒸发，可通过添加染液防止干涸。

4. 注意显微镜的正确使用方法。

【作业报告】

1. 分别绘制显微镜下组织细胞中糖和脂的分布图。

2. 简述组织细胞中糖和脂的显色原理。

（王春涛）

实验十二 吖啶橙染色检测细胞凋亡

【实验目的】

1. 掌握吖啶橙染色检测细胞凋亡的原理和实验操作方法。

2. 了解细胞凋亡检测的其他方法及各自的优缺点。

【实验原理】

细胞凋亡是细胞在一定生理或病理条件下，由基因控制的细胞主动死亡的过程（图12-1）。细胞凋亡过程中，在形态上，首先是细胞皱缩，表面微绒毛消失，胞内密度增加，染色质高度凝集，靠近核膜边缘呈新月形（图12-2）；浓缩的细胞核继而裂解，形成多个大的碎片，分散于细胞内的不同部位；随后，细胞膜内陷，包裹着核碎片或其他细胞器形成小球状凋亡小体；最后凋亡小体脱落，被吞噬细胞或邻周细胞吞噬。由于凋亡过程中溶酶体及细胞膜仍保持完整，没有细胞内容物的释放，因此不会引起组织间隙的炎症反应。

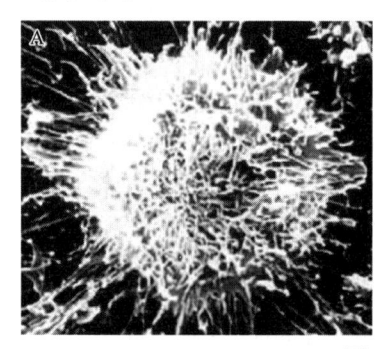

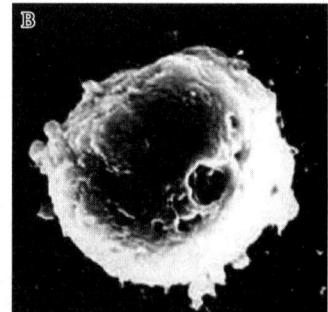

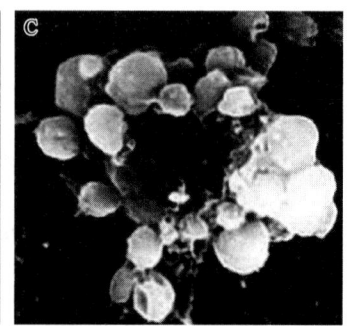

图12-1 电镜下凋亡细胞表面的变化

A. 正常细胞；B. 细胞表面微绒毛消失；C. 凋亡小体形成

细胞凋亡的研究方法有多种，包括用HE染色、瑞氏染色等方法染色后在光学显微镜下观察，用吖啶橙染色后在荧光显微镜下观察，或者直接通过电子显微镜观察细胞凋亡的形态，通过相差显微镜观察细胞表面的形态，通过流式细胞仪检测、TUNEL检测，也可以通过DNA电泳方法，分析染色体DNA的完整性。本实验是通过吖啶橙染色的方法检测细胞凋亡。

诱导细胞凋亡的方法和原理：诱导细胞凋亡的方法有很多，如X射线、γ射线、紫外线及药物等。本实验采用顺铂（cisplatin，DDP）作为诱导剂，顺铂是一种抗瘤谱较广的铂类代表性化疗药物，用于宫颈癌、卵巢癌、肺癌等多种肿瘤的治疗。作用原理：DDP作用靶点主要为DNA，它与DNA的嘌呤碱基交联，干扰DNA的修复机制，引起DNA损伤，激活多条信号转导通路，包括Erk、P53、P73和MAPK，其中对激活凋亡的影响最大，从而诱导细胞凋亡。

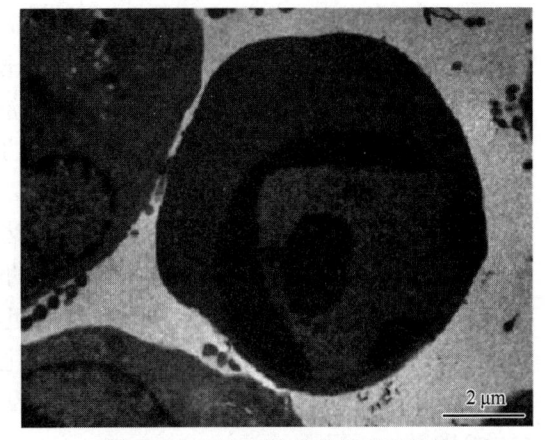

图12-2　凋亡细胞核的新月形结构

吖啶橙染色的原理：吖啶橙（acridine orange）是吖啶的衍生物之一；是一种荧光染料，激发波峰为488nm，荧光发射波峰为530nm。吖啶橙具有细胞膜通透性，能透过完整的细胞膜进入细胞核内，与DNA和RNA均能够结合。它与二者的结合存在差别，可以发出不同颜色的荧光。它与双链DNA的结合方式是嵌入双链之间，而与单链DNA和RNA则由静电吸引堆积在其磷酸根上。在蓝光（490nm）激发下，细胞核DNA发黄绿色荧光（约530nm），核仁和细胞质RNA发橘红色荧光（＞580nm）。细胞凋亡时主要的特征变化是细胞核，而细胞核的主要成分是DNA，核仁中含有RNA，通过DNA、RNA的不同荧光可观察凋亡细胞核的变化。正常细胞核边界清晰，因含DNA显示黄绿色荧光，细胞质均匀，与核仁都显示橘红色荧光，细胞体积较大且铺展。凋亡细胞体积明显缩小，断裂为多个黄绿色碎块，核仁无，碎裂的细胞核由膜包裹着凸起于细胞表面呈黄绿色。

【实验物品】

1. 材料　实验用细胞为海拉（HeLa）细胞。

2. 器材和仪器　普通光学显微镜、荧光显微镜、二氧化碳培养箱、$25cm^2$细胞培养瓶、6孔细胞培养板、培养皿、血细胞计数器、细胞爬片、盖玻片、载玻片、巴氏管、移液枪、镊子、滤纸等。

3. 试剂　DMEM液体细胞培养基（含10%胎牛血清）、PBS、生理盐水、4%多聚甲醛、0.25%胰蛋白酶、吖啶橙、顺铂；1%吖啶橙储存液（将10mg吖啶橙溶解于100ml PBS中，调节pH在4.8～6.0，经过滤后使用，4℃避光保存）；0.01%吖啶橙染液（将前期配制好的1%吖啶橙储存液用PBS稀释100倍即可）；顺铂储存液（用生理盐水配制成1mg/ml的顺铂溶液备用）。

【实验操作】

1. 准备HeLa细胞　实验前3天左右接种HeLa细胞于$25cm^2$细胞培养瓶中，置于37℃二氧化碳培养箱中培养。待细胞生长汇合度达80%左右且生长状态良好时开始制备细胞爬片。

2. 制备细胞爬片　在 6 孔细胞培养板中，每孔加入少许（100μl 左右）DMEM 液体细胞培养基，润湿 6 孔细胞培养板底部，在每孔中放入无菌盖玻片待用。将 HeLa 细胞经过 0.25% 胰蛋白酶消化处理制成单细胞悬液，吹打混匀，接种至有盖玻片的 6 孔细胞培养板中，每孔接种量为 $5×10^4$ 个细胞，置于 37℃二氧化碳培养箱中培养 24h，在普通光学显微镜下观察爬片上细胞生长的状态。

3. 诱导细胞凋亡　当细胞生长汇合度达 70%～80% 时，弃去培养液，设置对照组和实验组，实验组加终浓度为 10μg/ml 的顺铂处理细胞（10μl 顺铂储存液加 990μl DMEM 液体细胞培养基），对照组设置两组，其中一组加等体积的新鲜培养液（1ml DMEM 液体细胞培养基），另一组加等量的生理盐水和等量的新鲜培养液（10μl 生理盐水加 990μl DMEM 液体细胞培养基），每组设置 3 个复孔，置于 37℃二氧化碳培养箱中培养 24h。

4. 细胞固定　用巴氏管移去培养液，每孔加入 PBS 500μl，洗涤细胞 3 次，在每孔中加入 4% 多聚甲醛 500μl，室温固定 10～15min。

5. 染色　用镊子将盖玻片从 4% 多聚甲醛固定液中取出，在空气中自然晾干，但切勿完全干燥，置于载玻片上，滴加 1～2 滴 0.01% 吖啶橙染液，用滤纸吸掉多余染液，室温染色 5min。

6. 荧光显微镜下观察　选择 490nm 的激发波长（蓝光），在荧光显微镜下观察细胞的结构和形态。

【结果判定】

在荧光显微镜下，注意观察诱导凋亡细胞的形态。正常细胞核因含 DNA 显示黄绿色荧光，细胞质均匀，与核仁都显示橘红色荧光，细胞体积较大且铺展。凋亡细胞体积明显缩小，细胞核内边的染色质呈深黄绿色，细胞核呈黄绿色，胞体周围含有染色质断片的凋亡小体呈黄绿色，无染色质断片的凋亡小体呈橘红色（图 12-3）。

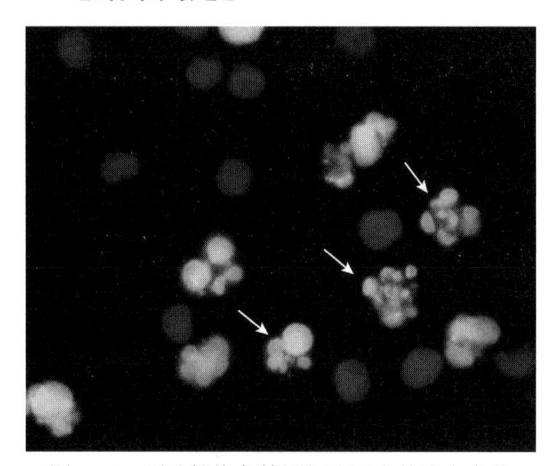

图 12-3　吖啶橙染色检测细胞凋亡的形态变化
（白色箭头所示为凋亡小体）

【注意事项】

1. 吖啶橙是一种荧光色素，有毒性，实验操作时要戴手套，需避光。

2. 顺铂粉末溶解先短暂离心，以保证产品全在管底；顺铂溶解分装后于 –20℃下避光保存。

3. 制备细胞爬片前，需要将 6 孔细胞培养板底部用培养液润湿，使爬片和孔底紧密接触，以免直接接种，造成爬片浮起。

4. 在爬片上接种细胞时，细胞的密度要严格控制，细胞密度不要太大。接种前细胞悬液需吹打混匀，保证接种均匀，以免影响染色效果。

5. 在用镊子夹取细胞爬片时，动作要轻柔，以防止细胞爬片破碎。
6. 在用荧光显微镜拍照前，需打开电源预热15min左右。

【作业报告】

1. 描述吖啶橙染色检测细胞凋亡的原理和现象。
2. 仔细观察，并绘制吖啶橙染色的凋亡细胞图。

（杜　乐）

实验十三　免疫荧光法检测细胞骨架

【实验目的】

1. 掌握免疫荧光技术的方法和原理。
2. 了解免疫荧光技术在细胞组分原位分析中的应用。
3. 通过本实验认识细胞骨架——微丝在细胞中的分布与形态。

实验十三彩图

【实验原理】

本实验利用免疫学中抗原-抗体特异性结合的原理，通过特定的已知抗体来追踪和鉴定特异的抗原在细胞中的位置和分布情况。如果抗体标记有荧光物质，就可以在荧光显微镜下观察到特异性的抗原，以及这种抗原在细胞中的位置和形态。

根据荧光物质所标记的抗体不同，免疫荧光技术的染色方法分为直接法和间接法。本实验采用间接法来显示细胞中肌动蛋白在细胞中的位置。本实验的基本原理就是，以细胞骨架的主要成分肌动蛋白为研究对象，利用肌动蛋白的特异性抗体与预先处理好的细胞一起温育，通过抗原-抗体的结合反应，来检测抗原在细胞中的位置。再将荧光物质标记的二抗与细胞共同温育，使标记的二抗与肌动蛋白抗体发生结合反应，来检测肌动蛋白与抗体复合物在细胞中的位置。在荧光显微镜下，标记在二抗上的荧光物质经激发发光后，就可以观测到细胞中的肌动蛋白。由于荧光物质所标记的抗体并非直接与标本中抗原发生结合反应，所以是典型的间接法。本实验使用的二抗标记荧光物质为异硫氰酸荧光素（fluorescein isothiocyanate，FITC），该荧光物质的最大吸收光谱为490～495nm，最大激发光谱为520～530nm，激发后呈现黄绿色荧光，在荧光显微镜下就可以观察细胞骨架的形态和位置。

【实验物品】

1. 材料　所使用的细胞系有原代培养的小鼠胚胎成纤维细胞（MEF）或人成纤维细胞。

2. 器材和仪器　普通光学倒置显微镜、荧光显微镜、二氧化碳培养箱、暗盒、滤纸、盖玻片、载玻片、细胞培养瓶、细胞培养皿、吸管、小染缸、移液器、镊子、微量移液器等。

3. 试剂　DMEM液体细胞培养基（含10%胎牛血清）、0.25%胰蛋白酶、PBS、PBST、1% BSA封闭液、0.5% BSA封闭液、1% Triton X-100（1ml Triton X-100加入到

99ml 的 M-缓冲液中，充分混匀）、M-缓冲液｛咪唑 50mmol/L，3.404g；氯化钾 50mmol/L，3.7g；氯化镁（MgCl$_2$·6H$_2$O）0.5mol/L，101.65mg；EGTA［乙二醇双（2-氨基乙醚）四乙酸］1mmol/L，380.35mg；EDTA（乙二胺四乙酸）0.1mmol/L，29.22mg；巯基乙醇 1mmol/L，0.07ml；甘油 4mol/L，292ml；调 pH 至 7.2；蒸馏水加至 1000ml｝、4% 甲醛固定液（甲醛，11ml；PBS，89ml）、第一抗体（兔抗 β-actin 免疫血清）、荧光物标记二抗（FITC-羊抗兔 IgG 免疫血清）等。

【实验操作】

1. 细胞爬片的准备 将生长状态良好的小鼠胚胎成纤维细胞（MEF）进行传代，将 0.25% 胰蛋白酶消化好的悬浮单细胞接种到放置有盖玻片的培养皿中或 6 孔细胞培养板中，于 37℃ 二氧化碳培养箱中培养 2d。在显微镜下观察盖玻片上细胞生长的状态。

2. 细胞固定 从细胞培养皿中移去培养液，然后加入 PBS，洗涤细胞 3 次，再加入 4% 甲醛固定液，室温固定 10min。用 PBS 洗涤 3 次。

3. 细胞透化处理 在固定好的细胞载玻片上，加入大约 1ml 的 1% Triton X-100，室温透化细胞 5～10min，移去 Triton X-100 液体。

4. 非特异蛋白的去除 加入 M-缓冲液洗涤细胞 3 次，以去除细胞骨架上结合的非特异蛋白。用 PBS 洗涤 3 次。

5. 封闭 加入 1ml 的 1% BSA 封闭液（PBST 新鲜配制）室温下封闭 30min。

6. 一抗结合 移去封闭液，用 0.5% BSA 封闭液（PBST 配制）适当稀释第一抗体（兔抗 β-actin 免疫血清），一般稀释为 1/5000～1/1000。在盖玻片的细胞样品上滴加大约 5μl 稀释好的第一抗体。置于湿盒中，在 37℃ 培养箱中温育反应 0.5～1h，然后用 PBST 洗涤细胞 3 次，5min 一次。

7. 二抗结合 用 0.5% BSA 封闭液（PBST 新鲜配制）适当稀释荧光物标记二抗（FITC-羊抗兔 IgG 免疫血清），一般稀释为 1/500～1/100。在盖玻片的细胞样品上滴加大约 5μl 稀释好的荧光物标记二抗。置于避光的湿盒中，在 37℃ 恒温培养箱中温育反应 0.5～1h，用 PBST 洗涤细胞 3 次，5min 一次。

8. 载玻片的制备 在载玻片上滴加一小滴液体石蜡。用镊子将处理好的细胞盖玻片从 PBST 中取出，滤纸吸干后，倒置在载玻片的液体石蜡上，在荧光显微镜下观察。

9. 观察 选择 490～495nm 的激发波长，在荧光显微镜下观察细胞骨架的形态。

【结果判定】

在荧光显微镜下，注意观察细胞骨架——微丝在细胞中的分布与形态。在荧光显微镜下，细胞中分布着许多被染成黄绿色的微丝组成的纤维网络，大多沿细胞长轴方向和细胞突起的部分分布（图 13-1）。

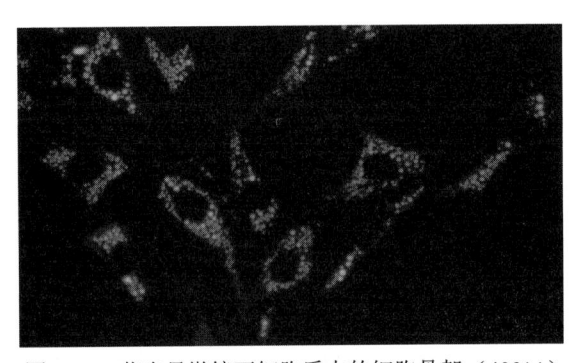

图 13-1 荧光显微镜下细胞质中的细胞骨架（400×）

【注意事项】

1. 在漂洗和处理细胞时，动作要轻，以防止细胞从盖玻片上脱落。
2. 注意抗体的使用浓度范围，抗体的浓度不宜太高，需要预实验优化。
3. 由于荧光物质的活性容易猝灭，所以温育荧光物质标记二抗后的实验过程注意避光，准备好的标本也应立即观察。

【作业报告】

1. 描述免疫荧光技术的方法和原理。
2. 在荧光显微镜下，仔细观察被染成黄绿色纤维网络状的细胞骨架，并绘图描述。

（唐　勇）

实验十四　聚乙二醇介导的细胞融合

【实验目的】

1. 掌握聚乙二醇诱导细胞融合的原理。
2. 掌握鸡血细胞融合的操作步骤及细胞融合率的计算方法。
3. 了解细胞融合的各种方法及优、缺点。

实验十四彩图

【实验原理】

在通常情况下，两个细胞接触并不发生融合现象，因为各自存在完整的细胞膜，在特殊融合诱导物的作用下，两个细胞膜发生一定的变化，就可促进两个或多个细胞聚集，相接触的细胞膜之间融合，继之细胞质融合，形成一个大的融合细胞。细胞融合（cell fusion），又称细胞杂交（cell hybridization），是指在自然条件下或用人工方法（生物的、物理的、化学的）使两个或两个以上的细胞合并形成一个细胞的过程。人工细胞融合开始于20世纪50年代，当时，作为一门新兴的技术，发展很快，应用范围广。不仅能产生同种细胞融合、种间细胞融合，而且也能诱导动、植物细胞产生融合。目前，细胞融合技术仍被广泛应用于细胞生物学和医学研究的各个领域，如研究细胞核和细胞质关系，绘制染色体、基因图谱，制备单克隆抗体、育种等。细胞融合技术已成为研究细胞遗传、细胞免疫、肿瘤和培育生物新品种的重要手段。细胞融合的诱导物种类很多，常用的有灭活的仙台病毒（Sendai virus）、聚乙二醇（polyethylene glycol，PEG）、离心振动和电脉冲等。动、植物细胞融合方法不同，对动物细胞而言，目前应用最广泛的是 PEG，因为它易得、简便，且融合效果稳定。PEG 分子式为：$HOH_2C(CH_2OCH_2)_n CH_2OH$，相对分子量在 200～6000。一般选用相对分子量为 4000 的 PEG，常用浓度为 50%，pH8.0～8.2（用 10% $NaHCO_3$ 调节）。相对分子量过小的 PEG，融合效应差，又有毒性；相对分子量过大，则黏性太大，不易操作。PEG 的促融机制尚不完全清楚，普遍认为它可能引起细胞膜中磷脂的酰基及极性基团发生结构重排，从而改变各类细胞的膜结构，使两细胞接触点处细胞膜的脂类分子发生疏散和重组，两细胞接口处双分子层细胞膜的相互亲和以及彼此的表面张力作用，使细胞发生融合。

【实验物品】

1. 材料 鸡血红细胞悬液。

2. 器材和仪器 显微镜、离心机、水浴箱、刻度离心管、载玻片、盖玻片等。

3. 试剂 阿氏液（葡萄糖 2.05g，柠檬酸钠 0.89g，柠檬酸 0.05g，氯化钠 0.42g，蒸馏水 100ml，调 pH 至 7.2，过滤灭菌或高压灭菌，置 4℃冰箱保存）、生理盐水、GKN 液（8g NaCl+0.4g KCl+1.77g NaH$_2$PO$_4$·2H$_2$O+0.69g Na$_2$HPO$_4$·12H$_2$O+2g 葡萄糖+0.01g 酚红，加水至 1000ml）、50% PEG 溶液（相对分子量 4000，实验前临时配制，水浴加热溶化后，加入预热至 50℃等体积 GKN 溶液中混匀）、0.03%詹纳斯绿 B 溶液等。

【实验操作】

1. 采血及鸡红细胞悬液的制备。用注射器从家鸡的翼根或心脏采血，注入试管后，迅速加入肝素（100U/5ml 全血）混合，制成抗凝全血。然后加入阿氏液配成 1∶3 的细胞悬液，置于 4℃冰箱中，可供 1 周内使用。

2. 取鸡红细胞悬液（共 2 组）1ml，移入 10ml 离心管，加入 4ml 生理盐水混匀。1000r/min 离心 5min。

3. 弃上清液（用吸管吸去），加生理盐水 5ml，用指弹法（或吸管轻吹）将细胞团块弹散，混匀后 1000r/min 离心 5min；重复上述条件，再离心洗涤 1 次。

4. 收集最后一次离心沉淀的血细胞，加入适量（5～8ml）的 GKN 液，轻轻吹散，混匀。

5. 取悬液 1ml 到一个试管中，加入 0.5ml 预热的 50%PEG 混匀，置于 30℃水浴中温浴 3～5min；取未融合和融合的血细胞悬液各 1 滴分别滴于载玻片的两侧，加入 0.03%詹纳斯绿 B 溶液染 3min 后，盖上盖玻片观察。

6. 用光学显微镜观察融合细胞及未融合细胞的情况。

【结果判定】

低倍镜下找到清晰细胞后换高倍镜观察，可看到两个或两个以上的鸡红细胞靠近、细胞膜融合或包绕在一起，最终形成一个同核体细胞（图 14-1，图 14-2）。在高倍镜下随机计数 100～200 个细胞（包括融合的与未融合的细胞，注意辨别融合细胞与重叠的细胞），以融合细胞（含两个或两个以上的细胞核的细胞）的细胞核数/总细胞核数（包括融合与未融合的细胞核）×100%，即得出融合率。

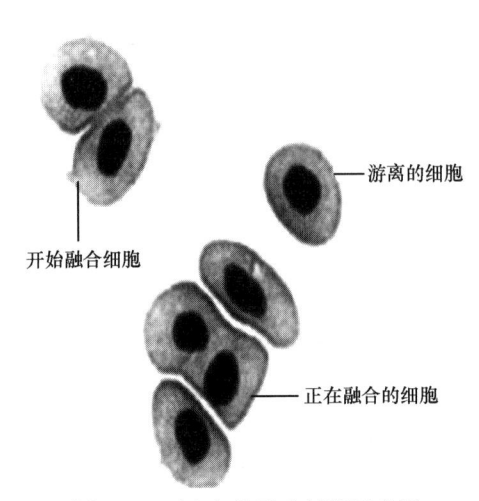

图 14-1 鸡红细胞融合过程示意图

【注意事项】

1. PEG 相对分子量为 4000，浓度为 50% 时，细胞融合率较高。

2. 配制溶液时注意防止粉尘吸入。

3. 滴加 50% PEG 溶液时，应缓慢、逐滴加入，而且每加 1 滴应轻弹试管底部，滴加完毕后充分温和混匀，否则细胞容易成团。加入 50% PEG 溶液后注意保温时间，如果时间过短，可能导致实验结果不理想。

4. 细胞融合对温度很敏感，过高、过低的温度均不利于融合。实验最佳温度应控制在 37～39℃。

5. pH 也是影响细胞融合成功与否的重要因素之一。所配的试剂溶液，pH 应控制在 7.0～7.2。

6. 要注意辨别融合细胞与重叠的鸡红细胞。

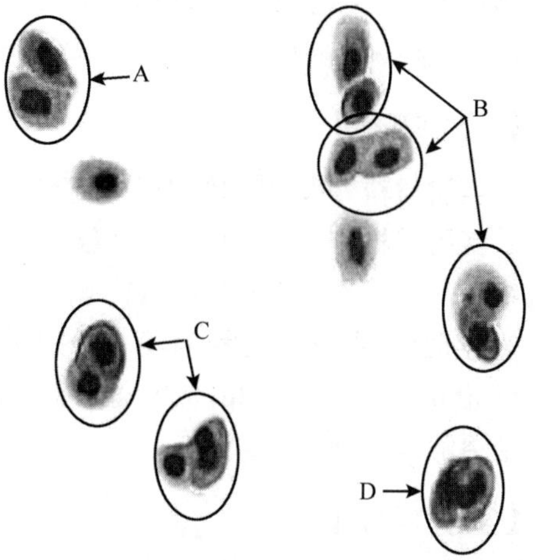

图 14-2 鸡红细胞融合过程实图（400×）
A. 两细胞开始接触；B. 两细胞开始融合；
C. 融合过程中的两细胞；D. 融合后形成新细胞

【作业报告】

1. 绘制在高倍镜下所观察到的鸡红细胞融合各阶段图。

2. 用文字简要注明细胞融合各阶段的主要特点。

（杨翠兰）

实验十五　细 胞 吞 噬

【实验目的】

1. 掌握小鼠腹腔注射和颈椎脱臼处死小鼠的方法。

2. 熟悉巨噬细胞吞噬活动的基本过程。

3. 了解诱导小鼠腹腔产生巨噬细胞的原理。

实验十五彩图

【实验原理】

血液中的粒细胞系和单核细胞等白细胞具有吞噬功能，是机体免疫系统的重要组成部分。单核细胞由血液进入组织后逐渐演变成巨噬细胞。巨噬细胞是机体内的一种重要的天然免疫细胞。激活的巨噬细胞吞噬能力更强，通过吞噬作用处理细菌、病毒及非自体组织细胞的外源性细胞等异物。当异物入侵机体时，单核细胞在趋化因子的作用下从血液中进入局部组织，并演化为巨噬细胞。巨噬细胞在激活的补体等分子的参与下，识别异物，且伸出伪足包裹异物，将其吞入细胞内形成吞噬体。随后，吞噬体与溶酶体融合，在溶酶体酶的作用下进行消化分解。

本实验通过给小鼠腹腔注射外源性的鸡红细胞，观察巨噬细胞吞噬鸡红细胞的吞噬过程，掌握相关的实验操作，并了解实验的设计及相关步骤。

【实验物品】

1. 实验材料 小鼠、1%鸡红细胞悬液。

2. 实验器材和仪器 1ml 注射器、针头、载玻片、盖玻片、吸管、大/小解剖剪、镊子、擦镜纸、吸水纸、普通光学显微镜等。

3. 实验试剂 6%淀粉肉汤（分别称取牛肉膏0.3g、蛋白胨1.0g、氯化钠0.5g、可溶性淀粉6g、锥虫蓝0.3g，加入蒸馏水至100ml，混匀后煮沸灭菌，置4℃保存。使用时温浴溶解）、生理盐水等。

【实验操作】

1. 实验前2天诱导巨噬细胞产生，即每天给小鼠腹腔注射6%淀粉肉汤1ml，以刺激小鼠腹腔产生较多的巨噬细胞。

2. 实验时，每组取上述处理的小鼠1只，腹腔注射1%鸡红细胞悬液0.5ml（下腹外侧45°进针），注射完后立即轻揉小鼠腹部片刻，使鸡红细胞分散。

3. 30min后，再向小鼠腹腔注射0.5ml生理盐水，轻揉小鼠腹部使腹腔液稀释。

4. 3min后，用颈椎脱臼法处死小鼠（操作要领见注意事项）。

5. 沿小鼠腹部中央纵向剪开腹腔，把内脏推向一侧，用吸管或注射器（不带针头）吸取腹腔液，滴1滴到载玻片中央。

6. 盖上盖玻片，显微镜下观察。

【结果判定】

在低倍镜下找到巨噬细胞和鸡红细胞后，再转换高倍镜观察。在高倍镜下，巨噬细胞体积较大，呈圆形或不规则形态，表面可伸出伪足，细胞质中含有数量不等、大小不一的蓝色颗粒（巨噬细胞吞入含锥虫蓝的淀粉肉汤后形成的吞噬体）。鸡红细胞呈椭圆形、有核。慢慢移动玻片标本，仔细观察巨噬细胞吞噬鸡红细胞的过程。巨噬细胞接触鸡红细胞后伸出伪足（光学显微镜下无法分辨伪足），包裹鸡红细胞，逐渐形成吞噬体进入巨噬细胞。有的巨噬细胞内的吞噬体已与溶酶体融合，正在被消化（图15-1）。在高倍镜下画图记录所见结果。

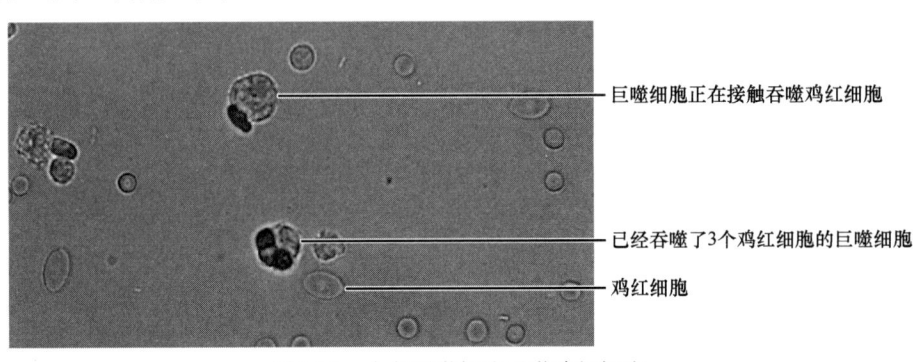

图15-1 小鼠巨噬细胞吞噬鸡红细胞

【注意事项】

1. 小鼠腹腔注射时注意不要刺伤内脏，确保鸡红细胞悬液打在腹腔内，拔出针头立即轻揉针孔处腹部，使鸡红细胞分散。

2. **颈椎脱臼法操作要领** 右手抓住小鼠尾巴尖平放在实验台上，头朝前，用左手示指和拇指在颈椎上端按住小鼠的头部，将抓尾尖的右手移向尾巴根部后，朝后上方用力拖拽，使小鼠颈椎脱臼死亡。从实验动物伦理的角度出发，应尽快处死小鼠，以免小鼠痛苦挣扎。

3. 处死小鼠后立即打开腹腔，注意别让腹腔液流出，取腹腔液时吸管口伸到底部，轻轻吸取液体，防止吸力过大导致肠系膜等组织堵住吸管口。

4. 滴片及盖上盖玻片时尽量消除气泡，以免影响观察。

5. 适当降低聚光镜并关小光圈，仔细观察巨噬细胞接触、吞噬鸡红细胞的整个过程。巨噬细胞个头较大，且因吞入含锥虫蓝的淀粉颗粒在细胞内部可见蓝黑色小点，1个巨噬细胞可吞入数个鸡红细胞。

【作业报告】

1. 绘制小鼠巨噬细胞吞噬鸡红细胞的主要过程图。
2. 如何判断相互接触的巨噬细胞和鸡红细胞是胞吞关系还是重叠关系？

（宋 军）

实验十六 细胞的无丝分裂与有丝分裂

【实验目的】

1. 通过实验掌握无丝分裂和有丝分裂的基本过程和生物学意义，并比较它们两者有何不同。

2. 通过观察洋葱根尖的有丝分裂标本，掌握细胞有丝分裂间期、前期、中期、后期、末期的染色体形态变化特点。

实验十六彩图

3. 通过观察马蛔虫受精卵的有丝分裂标本，比较植物细胞和动物细胞有丝分裂过程的不同点。

【实验物品】

1. **材料** 草履虫无丝分裂切片，洋葱根尖切片，马蛔虫子宫切片。

2. **器材** 普通光学显微镜，眼科镊和眼科剪各2把，皮头吸管1支，5ml烧杯2个，载玻片（每人1片），盖玻片，擦镜纸，吸水纸，擦镜液等。

3. **试剂** 1mol/L HCl（60℃预热），卡努瓦（Carnoy）固定液（甲醇：冰醋酸为3：1），95%乙醇溶液、85%乙醇溶液、70%乙醇溶液，蒸馏水，改良苯酚品红染液。

【实验步骤】

（一）草履虫无丝分裂切片观察

草履虫可进行无性生殖（无丝分裂）和有性生殖（接合生殖）。在无性生殖时，可在显微镜下看到草履虫胞体被染成粉红色，细胞核被染成紫红色。分裂时草履虫大核向胞体两端伸长，进而在核的中部向内凹陷，呈哑铃形，然后断开形成两个细胞核，同时胞体也随之延伸，中部出现分裂沟，最后完全分裂成两个子细胞。

（二）洋葱根尖切片有丝分裂观察

1. 材料发根 待根长达 2cm 时，切下根尖，浸入 Carnoy 固定液中 4h，分别在 95% 乙醇溶液和 85% 乙醇溶液中各浸泡 30min，最后在 70% 乙醇溶液中保存（此项实验前准备）。

2. 水解 取出根尖放在载玻片上，滴加 1mol/L HCl（60℃）于根尖上，水解 8min，蒸馏水洗 3 次（将乙醇洗去，以利于染色）。

3. 染色 切取根尖乳白色的分生区，用镊子轻轻地捣碎，滴 1 滴改良苯酚品红染液，染色 20min 后，盖上盖玻片。

4. 压片 在盖玻片上面覆盖一张吸水纸，用拇指垂直压下，再用铅笔橡皮头轻轻敲打，将细胞压成均匀的薄层（敲打时，勿使盖玻片移动）。

5. 观察 先在低倍镜下找出根尖末端，从根尖末端往上依次为根的根冠区、生长区和伸长区（图 16-1）。选择生长区的细胞观察，可见这一部位的细胞染色较深，紧密排列成一行行的四方形。小心移动标本，选择处于分裂状态最多的部位转高倍镜观察，便可见许多处于不同分裂时期的细胞。

间期：间期细胞较小，可清晰看到染色均匀的细胞核，核内有一个染色较深的圆形小体为核仁。

前期：细胞从间期进入前期时，细胞核膨大，染色质逐渐螺旋形成细线状的染色体。随着染色体不断螺旋缩短变粗，可见每条线状的染色体是由两条姐妹染色单体组成。前期末，核仁解体，纺锤丝出现，核膜、核仁完全消失。

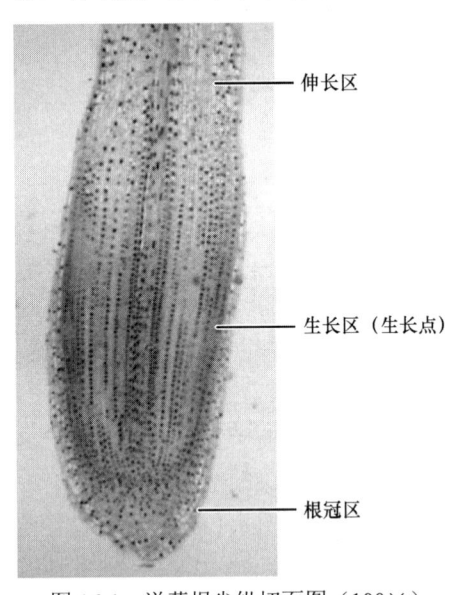

图 16-1 洋葱根尖纵切面图（100×）

中期：细胞开始伸长，所有染色体向细胞中央移动，有规律地排列在细胞中央的赤道面上，同时可见许多纺锤丝形成橄榄形的纺锤体。纺锤丝分别联系着染色体的着丝点与纺锤体的一极，有些则通连两极。

后期：细胞更加延长。此时染色体的着丝粒纵裂，两条姐妹染色单体彼此分开。纺锤丝的牵引，把分开的两条子染色体分别拉向细胞的两极，每一极各有数目相等的染色体。此期染色体多呈"V"形,"V"形的尖端为着丝点,与纺锤丝相连,并朝向两极。

末期:染色体到达两极后,就聚集在一起,染色体逐渐解螺旋成为染色质,核膜、核仁重新出现,同时纺锤丝逐渐消失。在两个新核之间的细胞中央出现了细胞板,以后细胞板形成细胞壁,把细胞质一分为二,最后形成了两个新细胞。

(三)马蛔虫子宫切片有丝分裂观察

先在低倍镜下观察,在马蛔虫子宫切片上可见子宫腔内有许多近圆形的处于不同分裂时期的受精卵细胞。每个受精卵细胞外均围有一层厚厚的受精卵膜。受精卵细胞与受精卵膜之间的空隙为围卵腔。在有些受精卵细胞外表面或受精卵膜内可见有极体附着(图16-2)。

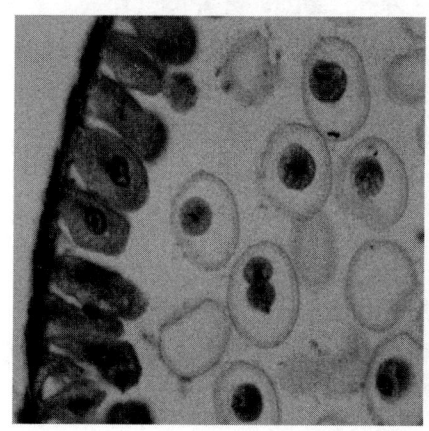

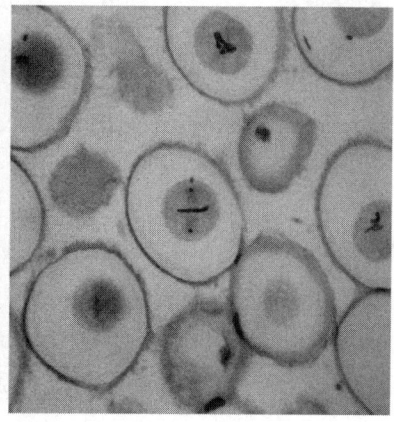

图16-2 马蛔虫受精卵细胞的有丝分裂过程(400×)

注意在切片标本中寻找和观察处于间期和有丝分裂不同时期的细胞,转换高倍镜观察各个不同时期细胞的染色体变化。

通过观察,植物细胞和动物细胞有丝分裂的区别见表16-1。

表16-1 植物细胞与动物细胞有丝分裂的区别

时期	植物细胞的有丝分裂	动物细胞的有丝分裂
分裂前期(纺锤体的形成)	细胞两极发出纺锤丝,形成纺锤体	由中心体的中心粒发出星射线形成纺锤体
分裂末期(细胞质的分裂)	在赤道面中央形成细胞板,并向周围扩展形成细胞壁,把细胞质分成两部分	细胞膜从细胞的中部向内凹陷,把细胞质分成两部分

【结果判定】

1. 草履虫无丝分裂的典型过程见图16-3。

2. 洋葱根尖有丝分裂各个时期的特点见图16-4。

【注意事项】

1. 在用改良苯酚品红染液进行染色时,染液不能太少,否则易干。

2. 在压洋葱根尖时,注意拇指不要移动,以免细胞重叠。

图 16-3　草履虫的无丝分裂（100×）　　图 16-4　洋葱根尖有丝分裂（400×）

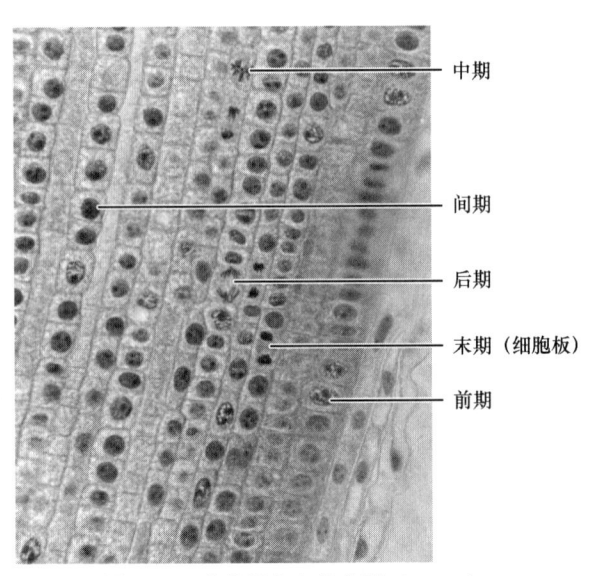

【作业报告】

1. 观察草履虫的无丝分裂（图 16-3），然后绘出草履虫的无丝分裂图。

2. 观察洋葱根尖和马蛔虫子宫切片中有丝分裂各个时期的特点（图 16-4），然后绘出有丝分裂间期、前期、中期、后期、末期的图各 1 个。

（张云香）

实验十七　减数分裂

【实验目的】

1. 学习制备减数分裂玻片标本的技术和方法。

2. 通过观察细胞减数分裂过程中染色体的动态变化，掌握减数分裂过程和各时期的划分及各期的主要形态特征。

实验十七彩图

【实验原理】

减数分裂（meiosis）是指高等生物个体在形成生殖细胞过程中发生的一种特殊的分裂方式。整个减数分裂过程，DNA 只复制 1 次，细胞连续分裂 2 次，结果形成的生殖细胞是含单倍数（n）的染色体，其数目是体细胞的一半，故称为减数分裂。由于这种分裂方式发生在生殖细胞形成的成熟期，故又称成熟分裂（maturation division）。

在减数分裂过程中，同源染色体发生配对和分离，非同源染色体自由组合，同时还会发生部分同源染色体间的交换，使生殖细胞的遗传基础呈现多样化，既保证了后代染色体数目的稳定，又使遗传基础发生许多新的变异。减数分裂是生物遗传与变异的细胞学基础。

【实验物品】

1. 材料 雄蛙精巢、小鼠睾丸。

2. 器材 天平、显微镜、注射器、眼科镊、眼科剪、小培养皿、解剖针、离心管、吸管、恒温水浴锅、离心机、载玻片等。

3. 试剂 0.5%秋水仙碱溶液、生理盐水、0.075mol/L氯化钾低渗液、吉姆萨染液、卡努瓦（Carnoy）固定液（甲醇∶冰醋酸=3∶1）、60%乙酸溶液、2%柠檬酸钠溶液。

【实验操作】

（一）雄蛙精巢生殖细胞减数分裂标本制备

1. 注射 将蛙放入小塑料袋内，用橡皮筋扎紧袋口，置天平上称重，然后将蛙取出，按蛙每克体重注射0.5%秋水仙碱溶液0.015ml计算所需的用量，进行腹腔注射（注意：注射时应避开腹部正中的腹静脉，针轻轻挑起，不能刺入内脏，缓慢将0.5%秋水仙碱溶液注入腹腔）。将已注射0.5%秋水仙碱溶液的蛙放回笼内，室温培养24h。

2. 取材 从笼中取出蛙，用捣毁脊髓法将其处死。处死后，使蛙腹部朝上固定于蛙板上。用眼科镊轻轻夹起腹壁，沿腹中线稍左处，用眼科剪自后向前打开腹腔，即可看到精巢呈灰绿色，直径2～10mm，表面光滑的卵圆体左右各1粒，其前端着生发达的白色脂肪体。随后用眼科镊轻轻将一对精巢取下，放入小培养皿内。先用眼科镊和解剖针小心地清除附于精巢表面的血管和结缔组织。接着用吸管吸2滴低渗液（0.075mol/L氯化钾）滴于精巢上，用眼科剪细心地将精巢完全剪碎（需20～30min），使细胞充分溢出。再加入低渗液8ml与剪碎的精巢混匀，稍静置，用吸管小心将上清液吸入刻度离心管内（不要吸取精巢碎片），余下的沉淀物弃去。

3. 低渗 将刻度离心管置37℃的恒温水浴锅中低渗处理30min。

4. 离心 将刻度离心管放入离心管套内，一起放于天平上称重平衡，务必使每两个装有离心管的离心管套重量一致。如不一致，可在轻的一边往离心管套内加入少许清水至平衡。将已平衡的离心管套放入离心机内（要成对放入，不要单个放入），关紧离心机盖，打开电源开关，1000r/min离心10min。

5. 固定 将离心管从离心机内取出，用吸管小心吸取上清液（不可吸得太干，应留有约1ml上清液）。加入新配制的Carnoy固定液8ml，并用吸管轻轻吹打混匀，室温下固定20min。然后1000r/min离心10min，弃上清液。

6. 再重复固定和离心一次 同步骤5。

7. 制片 离心后根据细胞沉淀物的多少，加入适量的新配制固定液（0.5～1ml），用吸管轻轻吹打混匀制成细胞悬液。吸取少许细胞悬液，在每张洁净冷冻的载玻片上滴2滴，立即用洗耳球将滴液轻轻吹散，然后手拿玻片在酒精灯火焰上方来回移动微烤（不要放在火焰上烤），使玻片上的水分慢慢蒸发。

8. 染色 将干燥的玻片标本置于装有吉姆萨染液（用pH 7.0的磷酸缓冲液以1∶9比例配制的吉姆萨工作液）的染色缸中，染色20min。自来水冲洗，晾干后即可观察。如需长期保存，可用不同浓度梯度的乙醇脱水，二甲苯透明，中性树脂封片。

（二）小鼠雄性生殖细胞减数分裂标本制备

1. 秋水仙碱处理 选择 8～12 周龄雄性小鼠，在取睾丸前 2h 给小鼠腹腔注射 0.5% 秋水仙碱溶液 0.2～0.3ml（100μg/ml）（约 2μg/g 体重）。

2. 取材 用颈椎脱臼法处死小鼠，取出两侧睾丸，除去附睾、脂肪及结缔组织等，放入盛有 2% 柠檬酸钠溶液的培养皿内清洗。用眼科镊剥去睾丸最外层的腹膜和白膜，取出线状的精曲小管，经 2% 柠檬酸钠溶液冲洗后，移入另一培养皿内，加少量 2% 柠檬酸钠溶液，用眼科剪将精曲小管充分剪碎成糊状，制成细胞悬液。将上述细胞悬液移入刻度离心管，用吸管反复吸打 1～2min，使尽量多的细胞从管腔中游离出来。静置 5min，使大的膜管状杂质下沉。吸上清液于另一离心管中，1000r/min 离心 5min，沉淀即为不同发育阶段的细胞。

3. 低渗 加 7ml 0.075mol/L 氯化钾溶液，置 37℃恒温水浴锅或室温下低渗处理 20～30min。

4. 固定 加 6ml Carnoy 固定液，轻轻吹打，固定 20min。吸去上清，留 1ml 固定液和沉淀物。

5. 软化 加 1ml 60% 乙酸溶液软化 2min，见精曲小管呈混浊状即可再固定。

6. 再固定 加 5ml Carnoy 固定液，反复吹打 3min，吸去肉眼所见块状结构。配平、离心（1000r/min，5min），去上清，留 0.3ml，混匀，制成细胞悬液。

7. 制片 取洁净冷冻载玻片，滴 1～2 滴细胞悬液于载玻片上，立即轻吹液滴使之散开，经火焰微烤后晾干。

8. 染色 用 pH 7.0 的磷酸缓冲液配制 20% 吉姆液染液，染色 10～15min，自来水冲洗，晾干后即可观察。

【结果判定】

（一）雄蛙精巢生殖细胞减数分裂过程的观察（图 17-1）

雄蛙精巢中的精原细胞的染色体数目为 $2n=26$。精原细胞有丝分裂与一般体细胞有丝分裂一样，在分裂中期可看到有大小长短不同的染色体 13 对（26 条）。由大型的 5 对和小型的 8 对组成。

1. 减数分裂 I（或称第一次减数分裂） 第一次减数分裂可分为前期 I、中期 I、后期 I 和末期 I。

（1）前期 I（prophase I）：此期时间长，染色体变化复杂。根据核的形态变化可以划分为细线期、偶线期、粗线期、双线期和终变期。

1）细线期（leptotene stage）：染色体呈很均匀的细丝状，盘绕在核的范围内，其中可看到核仁。

2）偶线期（zygotene stage）：每一对同源染色体联会（synapsis）配对。由于染色体还很细，与细线期较难区别。联会的结果是每对同源染色体形成一个二价体（bivalent）。由于偶线期比较短，制片时很难捕捉到这个时期。

3）粗线期（pachytene stage）：染色体进一步螺旋化，明显缩短变粗，盘绕成疏松的线团状结构。每一条染色体都由两条染色单体构成,一个二价体由四条染色单体构成,这时称为四分体。

4) 双线期(diplotene stage):染色体进一步缩短,同源染色体相互排斥、开始分离,但不完全分开,端部存在交叉现象,开始呈环状横向突出。

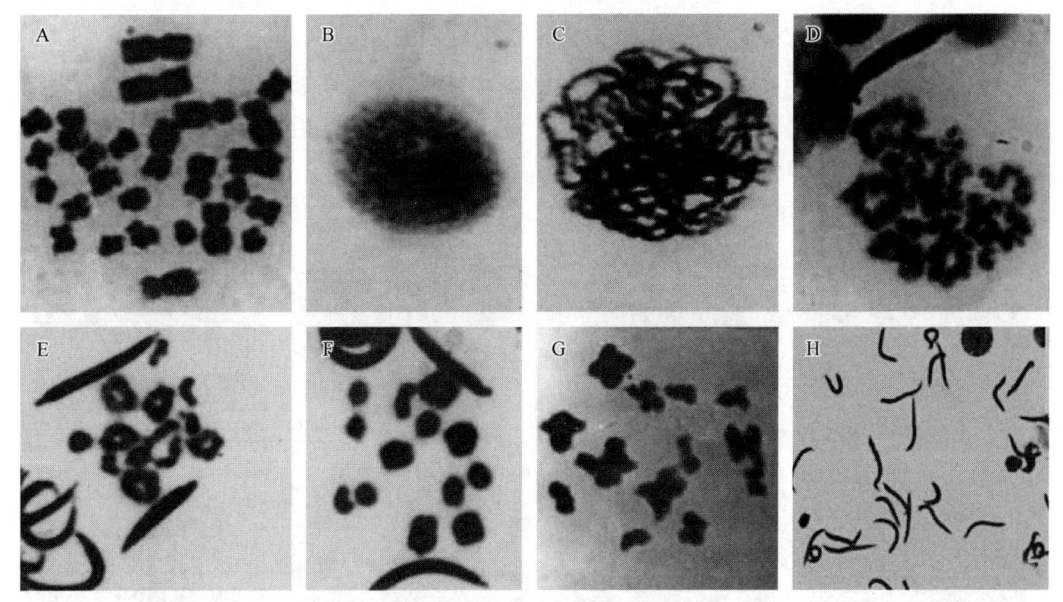

图 17-1 雄蛙精母细胞减数分裂(1000×)
A. 精原细胞有丝分裂;B. 细线期;C. 粗线期;D. 双线期;E. 终变期;F. 中期Ⅰ;G. 中期Ⅱ;H. 精子

5) 终变期(diakinesis):这时的染色体进一步浓缩,显得更加粗短。蛙类染色体有两个末端交叉,因而多数呈环状,个别染色体呈亚末端着丝粒的二价体,终变期时一端分开,所以呈杆状。

(2) 中期Ⅰ(metaphase Ⅰ):13 对染色体,每对染色体排列较紧密,大多数排列在细胞中央。

(3) 后期Ⅰ(anaphase Ⅰ):同源染色体由纺锤丝牵引,各自移向细胞两极。

(4) 末期Ⅰ(telophase Ⅰ):移到两极的染色体聚集在一起,逐步解螺旋恢复染色质状态,核仁、核膜重新出现,细胞膜中部缢缩,形成两个较小的子细胞(即次级精母细胞)。

由于蛙注射了秋水仙碱,所以在标本上观察不到后期Ⅰ和末期Ⅰ的细胞。

2. 减数分裂Ⅱ(或称第二次减数分裂) 由于染色体在第一次分裂过程中已经减数,所以细胞中只有 13 条染色体(每一条染色体具有两条姐妹染色单体)。由于秋水仙碱的原因,在第二次减数分裂过程中,只能观察到中期Ⅱ的细胞。

(1) 前期Ⅱ(prophase Ⅱ):很短暂。在标本上看不到。

(2) 中期Ⅱ(metaphase Ⅱ):13 条染色体呈现出高程度的缩短,染色单体展开,中部和亚中部着丝粒的染色体呈"X"形或"八"字形,端部着丝粒的染色体可呈杆状。

(3) 后期Ⅱ(anaphase Ⅱ):二分体着丝粒纵裂为二,姐妹染色单体分离,并移向两极，每一极各含有 13 条单分体（monad）。

（4）末期Ⅱ（telophase Ⅱ）：到达两极的染色体解旋伸展，形成染色质，核仁、核膜重现，最后形成四个精细胞。

（5）精子：在显微镜视野下观察到很多线状的蛙精子。

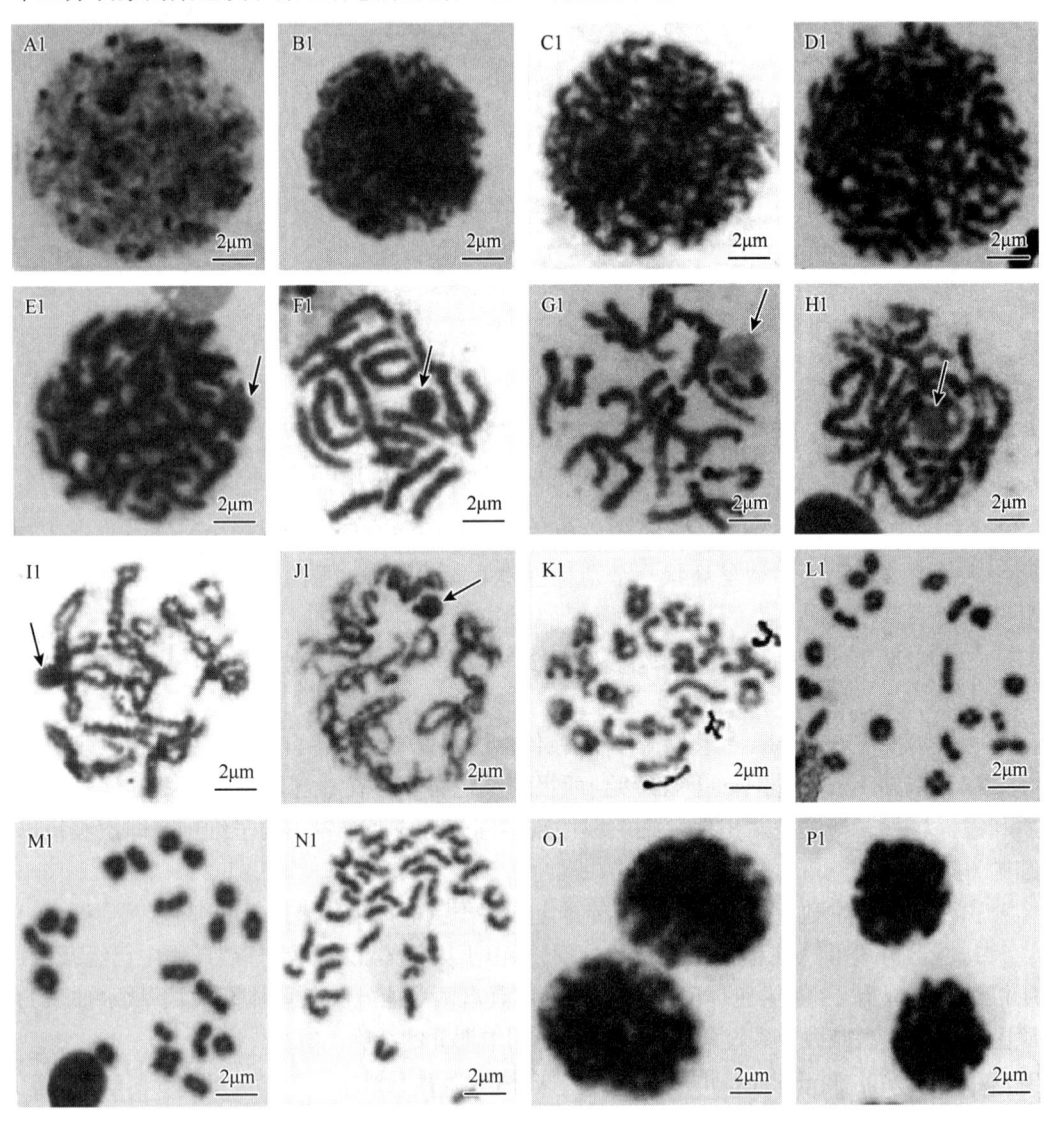

（二）小鼠雄性生殖细胞减数分裂（图 17-2）

小鼠二倍体细胞为 40 条染色体，性染色体为 XY 型。各期细胞的形态与雄蛙精巢细胞相似，但染色体较大，配对时 X 染色体和 Y 染色体的一端互相靠拢，在端部联会。标本上分裂象的染色质和染色体被染成紫红色，细胞质不着色。

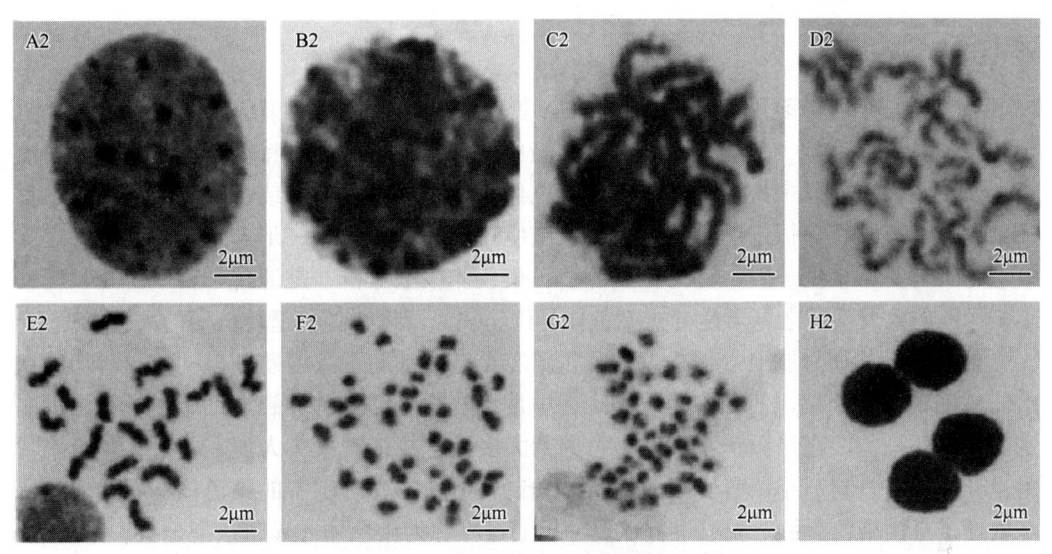

图 17-2 小鼠雄性生殖细胞减数分裂

A1～P1. 小鼠生殖细胞减数分裂Ⅰ（1000×）。A1. 早细线期；B1. 细线期；C1、D1. 偶线期；E1. 晚偶线期；F1、G1. 粗线期；H1. 早双线期；I1、J1. 双线期；K1. 终变期；L1、M1. 中期Ⅰ（秋水仙碱作用后，同源染色体依然在交叉的作用下相连，最短最粗，$n=20$）；N1. 早后期Ⅰ（秋水仙碱作用后，同源染色体分开，但未能及时分裂至两极，$n=40$）；O1、P1. 末期Ⅰ。A2～H2. 小鼠生殖细胞减数分裂Ⅱ（1000×）。A2、B2. 间期Ⅱ；C2. 前期Ⅱ；D2. 早中期Ⅱ；E2. 中期Ⅱ（$n=20$，含姐妹染色单体）；F2、G2. 早后期Ⅱ（$n=40$，姐妹染色单体分离）；H2. 末期Ⅱ

【注意事项】

1. 收集尽量多的细胞。

2. 加入低渗液后一定要轻轻吹打，以免细胞核提前破裂，引起染色体移位、无规则排列。

3. 滴片时，冰冻玻片一定要带有冰水。

4. 注意染色。

【作业报告】

1. 绘制青蛙精巢细胞减数分裂细线期、粗线期、双线期、终变期、中期Ⅰ、中期Ⅱ细胞图各1个。

2. 用文字说明上述减数分裂各个时期的特征。

（胡传银）

实验十八 染色体的制备和核型分析

【实验目的】

1. 熟悉小鼠骨髓或人外周静脉血染色体标本的制备方法。

2. 熟悉正常人非显带染色体核型特征及核型分析方法。

3. 了解人类染色体 G 显带标本的制备与分析。

实验十八彩图

【实验原理】

染色体是细胞分裂期高度凝集的 DNA 蛋白质纤维，是间期染色质结构紧密盘绕折叠的结果。核型是指一个体细胞内的全部染色体按其大小、形态特征排列起来构成的图像。染色体标本经显带技术处理，可使染色体长轴上显示出明暗或深浅相间的带纹，每条染色体都有独特而恒定的带纹。将待检细胞进行染色体数目、形态结构分析，确定其核型是否与正常核型一致，称为核型分析。染色体核型分析，是遗传学科学研究和辅助临床诊断的重要手段之一，是分析染色体易位、缺失，诊断各种遗传病变的关键指标。

采取少量外周静脉血，做短期培养，培养至 72h 细胞进入增殖旺盛期，此时加入秋水仙碱抑制细胞分裂，使细胞分裂停止在中期以获得足够量的分裂期细胞，经低渗、固定、制片、染色，在显微镜下观察。考虑到大多数学校很难采集人血，本章在实验步骤中也介绍了常规材料小鼠骨髓染色体标本的制备方法。此时制备的染色体标本，未经特殊处理，直接染色后镜下观察进行核型分析的过程称为染色体非显带核型分析。

染色体带型主要取决于 DNA、蛋白质及染料三者的相互作用。显带技术不同，染色体上显示出的带纹也不同。染色体显带技术包括 G 显带、Q 显带、R 显带和 C 显带等。G 显带技术简便易行，所显示的染色体带纹清晰、普通显微镜下可以分辨，标本可长期保存，因此被广泛应用。将上述制备的未经特殊处理的染色体标本经胰蛋白酶消化、吉姆萨染色后，在普通光学显微镜下，染色体上可见明暗相间的 G 显带带纹。

【实验物品】

1. 材料　小鼠骨髓细胞或人外周血淋巴细胞。

2. 试剂　秋水仙碱（10mg/ml）、KCl 低渗液（0.075mol/L）、PBS、Carnoy 固定液（甲醇：冰醋酸=3:1）、吉姆萨染液（PBS：吉姆萨原液=9:1）、肝素（500U/ml）、RPMI-1640 液体培养基（含植物血凝素 60mg/ml、10% 小牛血清）、2.5% 胰蛋白酶（Hanks 液配制）、0.4% 酚红、1mol/L HCl、1mol/L NaOH、生理盐水等。

3. 器材　眼科剪、眼科镊、注射器（带针头）、酒精灯、培养瓶、超净工作台、恒温培养箱、恒温水浴锅、离心机、10ml 刻度离心管、乳头吸管、试管架、载玻片、玻片架、染色缸、显微镜、镜油、二甲苯、擦镜纸。

【实验操作】

（一）小鼠骨髓细胞或人外周血淋巴细胞染色体标本常规制备

1. 收集细胞

（1）小鼠骨髓细胞的收集：实验前 2.5～3h，向小鼠腹部皮下注射 10mg/ml 秋水仙碱（每克体重注射 0.02ml）。采取颈椎脱臼法处死小鼠，取其股骨（肱骨），将周围的肌肉剥净。剪断股骨（肱骨）一端，用注射器的针头从另一端注入 4～5ml 的 37℃ 预先温热的 KCl 低渗液（0.075mol/L），冲洗骨髓于离心管中。PBS 洗涤 2～3 次，收集细胞待用。

（2）人外周血淋巴细胞的采集及接种培养：用灭菌注射器抽取肝素 0.2ml，使肝素湿润至管壁。常规消毒后，采集外周静脉血 5ml，转动注射器使血液与肝素混匀。在超净工作台中，预先将5ml RPMI-1640 液体培养基（含植物血凝素60mg/ml、10%小牛血清）加入消毒好的培养瓶中，再滴加0.3ml全血，水平摇动混匀。将培养瓶置37℃恒温培养箱中培养72h。培养过程中每天水平摇动培养物1～2次，使血液均匀悬浮，再继续培养。终止培养前2～4h，加入秋水仙碱1滴。轻轻摇动培养瓶，使秋水仙碱混匀。继续培养72h。去掉瓶塞，用乳头吸管吸取培养液，充分混匀培养物，再将全部培养物吸入刻度离心管中，1000r/min离心8min。收集细胞待用。

2. 制片

（1）低渗：弃上清液，加入8ml 37℃预温的KCl低渗液（0.075mol/L），用乳头吸管轻轻吹打细胞团混匀后，置37℃恒温水浴锅低渗处理25min。

（2）预固定：加入1ml新配制的Carnoy固定剂（甲醇：冰醋酸=3：1），用乳头吸管小心吹打、混匀，1000r/min离心8min。预固定可防止细胞在固定时聚集成块。

（3）固定：弃上清液，加入8ml Carnoy固定液，吹打细胞团制成细胞悬液后，室温下固定20min。1000r/min离心8min。弃上清液，重复固定一次。

（4）制备细胞悬液、制片：弃上清液，根据细胞数量的多少适当加入数滴新配制的Carnoy固定液，吹打细胞制成悬液。吸取少量细胞悬液，滴2～3滴于冰水浸泡过的载玻片上，吹散，空气中自然烘干。

（5）染色和镜检：将标本置于吉姆萨染液（PBS：吉姆萨原液=9：1）中，染色8min，水洗去浮色，空气中自然烘干，并于显微镜下观察染色体标本分裂象的多少及分散情况。

（二）人外周血淋巴细胞染色体G显带标本制备

1. 标本选择 上述常规制备的人染色体标本未染色时镜检，如显示长度适中、分散好、重叠少、姐妹染色单体适度分开，这样的玻片标本可用于G显带。选取未经染色的、片龄3～7d的人染色体非显带玻片标本可制备G显带。

2. 烤片 将标本片置70℃烤箱中干烤2h，自然冷却至室温。

3. 胰蛋白酶预温 取2.5%胰蛋白酶5ml，加入染色缸中，加入45ml生理盐水，用HCl或NaOH及酚红调节胰蛋白酶成紫红色（pH=6.8～7.2），置37℃预温。

4. 显带 将玻片标本放入胰蛋白酶溶液中处理25～45s，不断轻轻摇动玻片，使胰蛋白酶作用均匀。随着处理标本数量增加，胰蛋白酶逐渐消耗，胰蛋白酶作用时间逐渐延长。取出染色体玻片标本，置于37℃预温的生理盐水中，然后用蒸馏水冲洗玻片（或轻甩，除去多余的胰蛋白酶）。

5. 染色和镜检 将玻片标本放入37℃预温的吉姆萨染液（PBS：吉姆萨原液=9：1）中，染色5～10min。自来水冲洗，空气中自然烘干，并在显微镜下观察。

【结果判定】

1. 小鼠或人染色体非显带核型分析 取一张染色体玻片标本，先在低倍镜下观察，再用高倍镜寻找清晰分散的中期分裂象，然后转换油镜仔细观察，寻找10个分散好的分裂象进行染色体计数。小鼠染色体数目$2n=40$，而正常人染色体数目为$2n=46$。为了便于计数和避免计数时发生重复和遗漏，在计数前应先按染色体的自然分布图形大致划分几个区域，然后按顺序数出各区染色体的实际数目，最后加在一起求出该细胞的染色体数目。按显微镜中所看到的图像，在报告纸上描绘出各染色体的快速线条图，在草图中，应保持各染色体的原有方位和相对长度。

依据人类细胞遗传学国际命名体系（ISCN），按照染色体的大小和着丝粒的位置等特征，人类染色体分成 A、B、C、D、E、F、G 共 7 组，各组所包含的染色体及染色体的结构特征如下：

A 组：包括 1～3 号 3 对染色体。1 号最大，为中着丝粒染色体，长臂有时可看到次缢痕；2 号较 1 号小，为最大的亚中着丝粒染色体；3 号是比 1 号小的中着丝粒染色体。

B 组：包括 4～5 号 2 对染色体。较大，均为亚中着丝粒染色体，短臂较短，这两对染色体不易区分。

C 组：包括 6～12 号 7 对染色体和 X 染色体。中等大小，几乎都是亚中着丝粒染色体。6、7、8、11 号染色体短臂较长，9、10、12 号染色体短臂较短，9 号染色体长臂常出现次缢痕，11 号染色体有时也出现次缢痕；12 号染色体最小，但不易与组内其他 4 对较短的区分。X 染色体的大小在 6、7 号染色体之间；女性体细胞中有 2 条 X 染色体，所以 C 组为 16 条染色体；男性体细胞中有 1 条 X 染色体，因此 C 组为 15 条染色体，C 组染色体最难区分。

D 组：包括 13～15 号 3 对染色体。中等大小，均为大的近端着丝粒染色体，染色体短臂上有时可见随体。彼此间不易区分。

E 组：包括 16～18 号 3 对染色体。较小，16 号为中着丝粒染色体，长臂常有明显的次缢痕。17、18 号为最小的亚中着丝粒染色体，18 号染色体短臂很短，较易与 17 号相区别。

F 组：包括 19～20 号 2 对染色体。为小的中着丝粒染色体，彼此不易区分。

G 组：包括 21～22 号 2 对染色体和 Y 染色体。为最小的近端着丝粒染色体，21、22 号染色体长臂呈分叉状，短臂末端有随体。Y 染色体无随体，着色深，长臂末端常靠拢。

在进行染色体照片剪贴分析时，先根据 ISCN 规定的各组及各号染色体的结构特征进行分组、排号，依次找出 A、B、D、E、F、G 组，最后辨认 C 组，即在每条染色体旁用铅笔标出其组号；然后用剪刀将每号染色体剪下，将每组染色体按照大小顺序依次排列，此时如发现排组有误还可进行调整；最后将染色体组号剪去，并将各号染色体排在染色体核型分析表的相应位置上，用糨糊粘牢。粘贴时，应使染色体的短臂居上、长臂居下，并使着丝粒在一条直线上（图 18-1，图 18-2）。一般根据 C 组和 G 组的染色体数目来判断性别，常按 G 组最小染色体的数目判断。若最小染色体为 4 条则为女性，若为 5 条则为男性。

最后，验证核型分析是否正确，用圆规、直尺测量每条染色体的总长度、短臂和长臂的长度，代入相应的公式，计算如下染色体参数：

相对长度=单个染色体长度/（22 个常染色体长度+X 染色体长度）×100

臂比=长臂长度/短臂长度

着丝粒指数=短臂长度/染色体全长×100

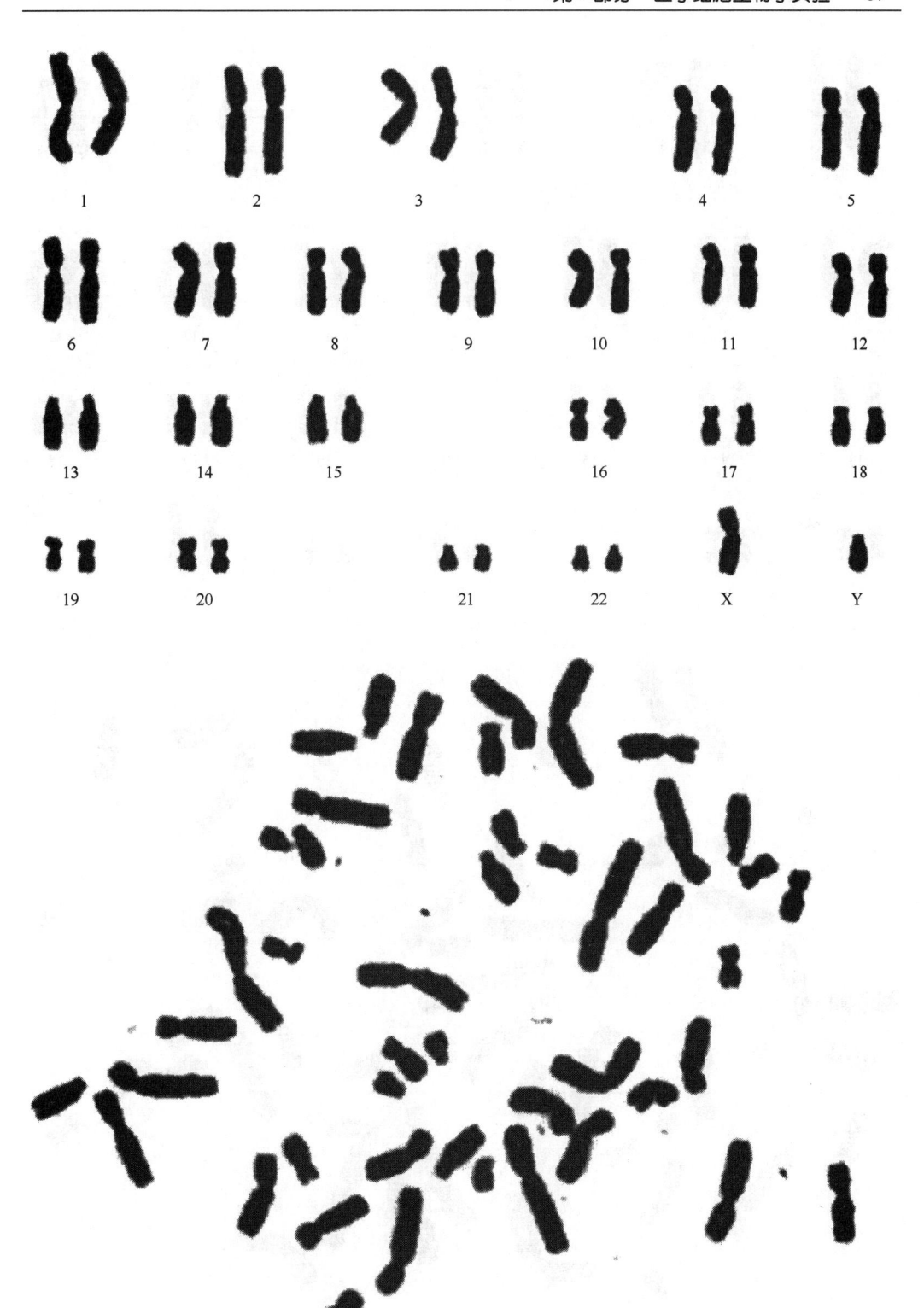

图 18-1　正常男性非显带核型（吉姆萨染色，1000×）

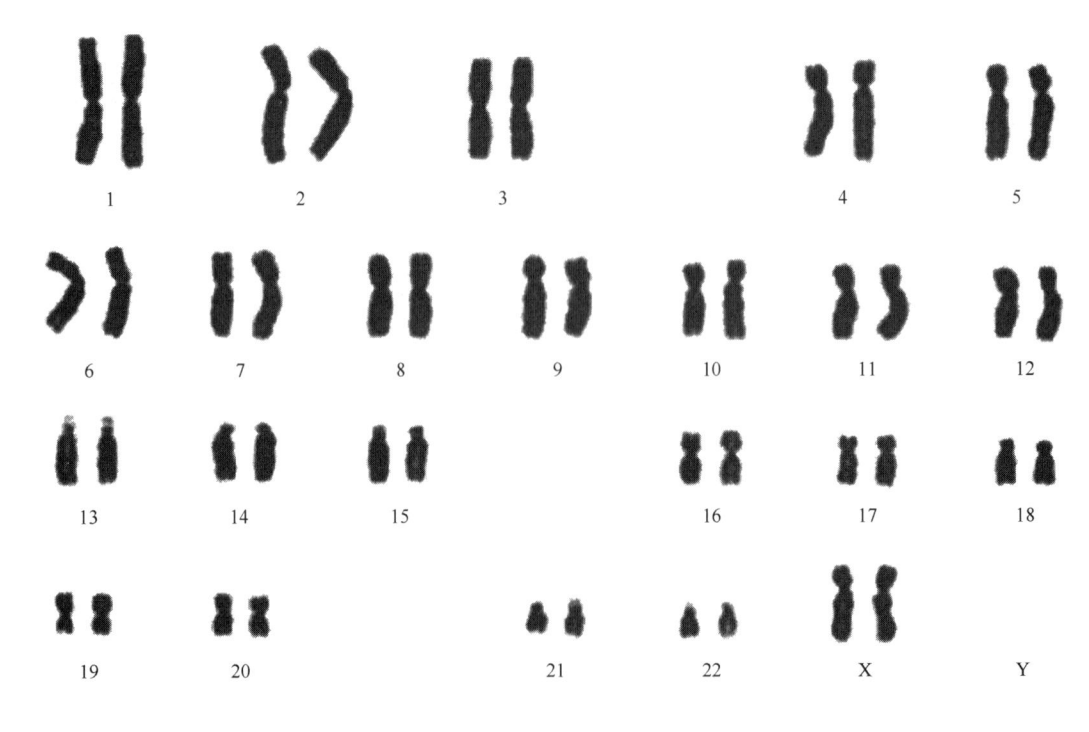

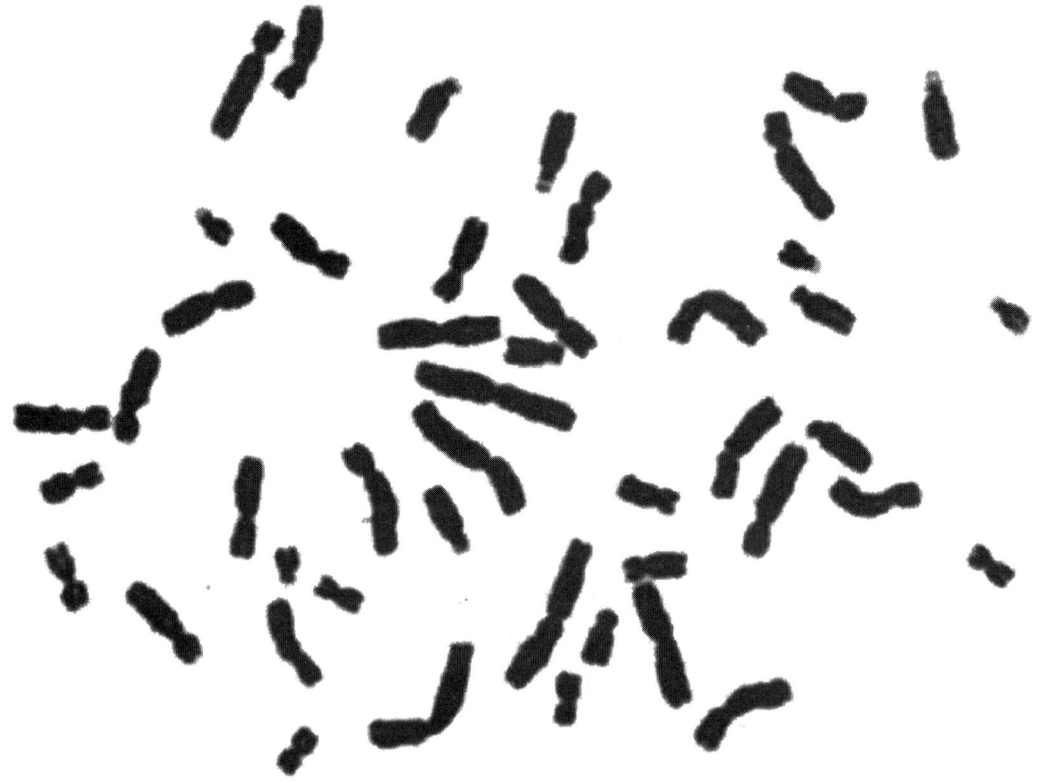

图 18-2　正常女性非显带核型（吉姆萨染色，1000×）

2. G 带显示的正常人显带核型图 见图 18-3～图 18-5。

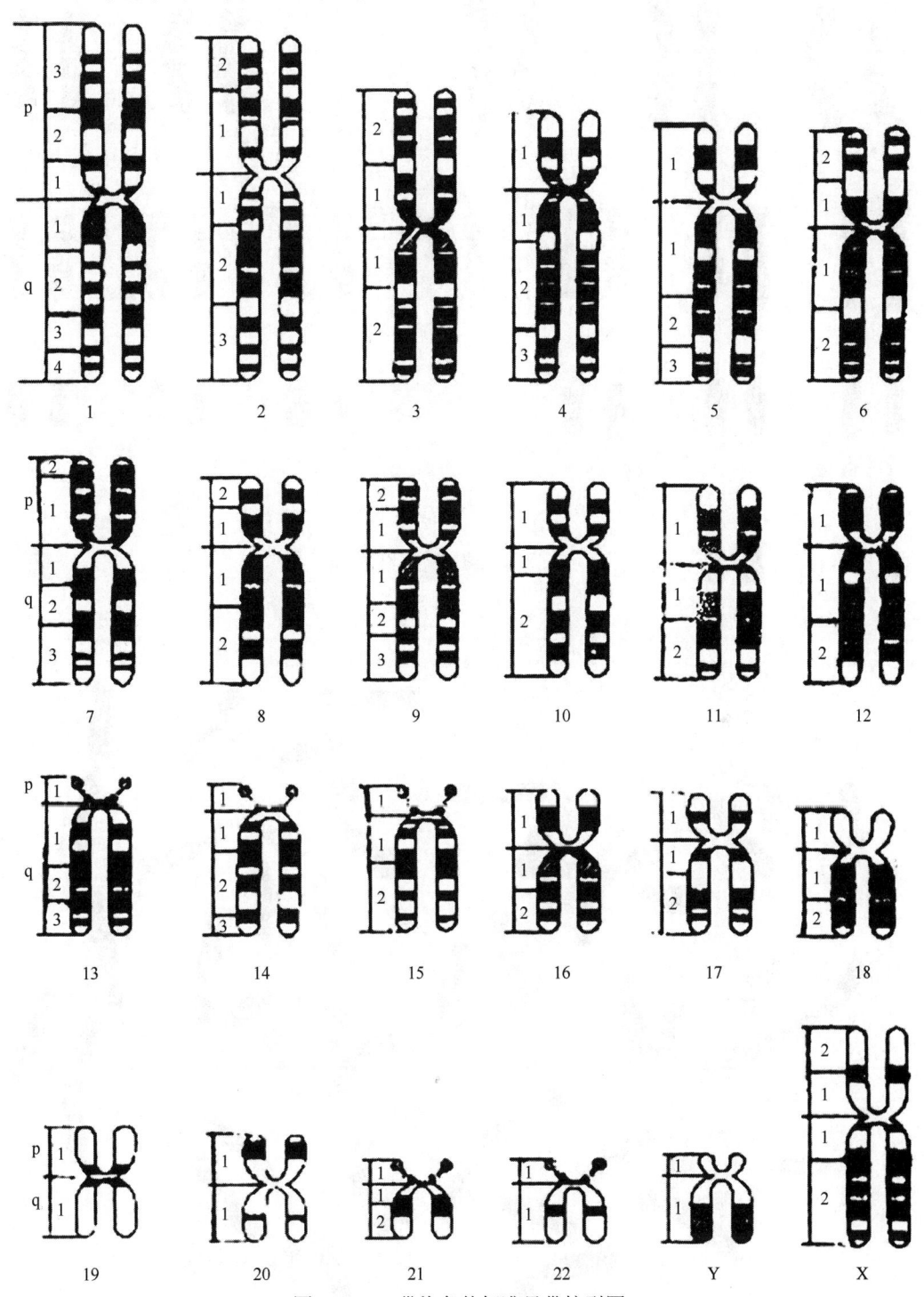

图 18-3 G 带染色体标准显带核型图

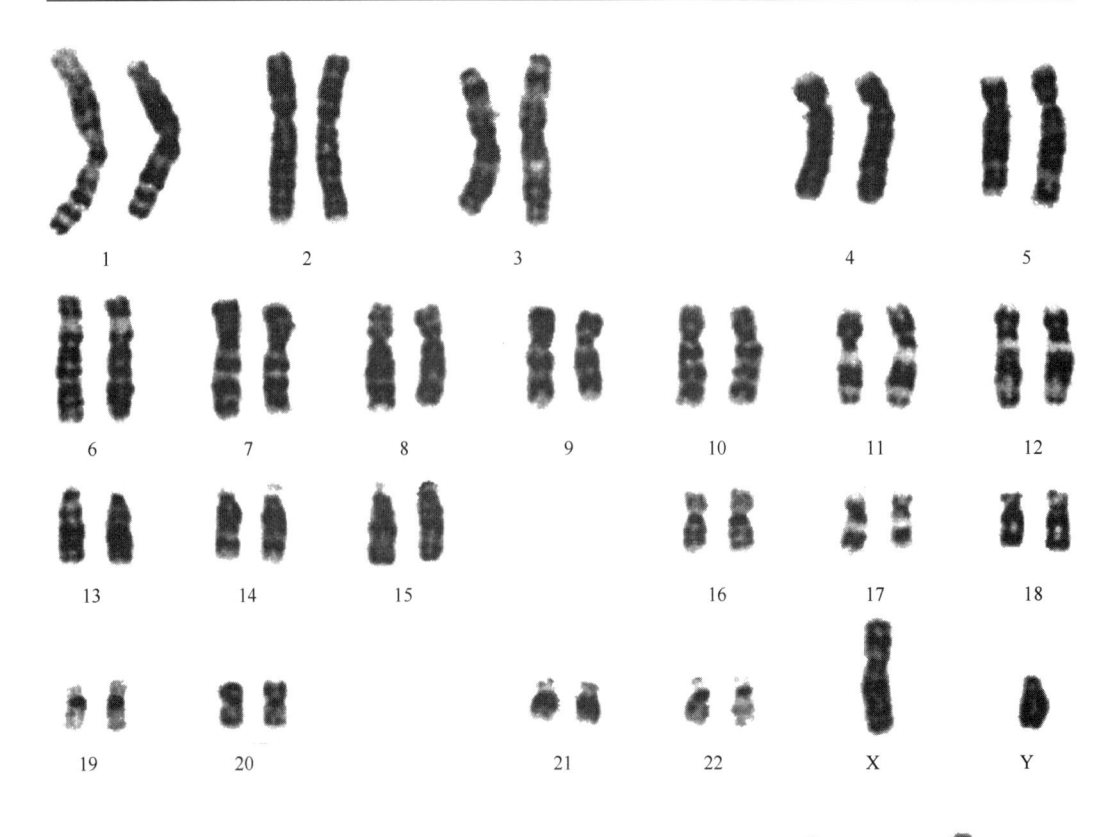

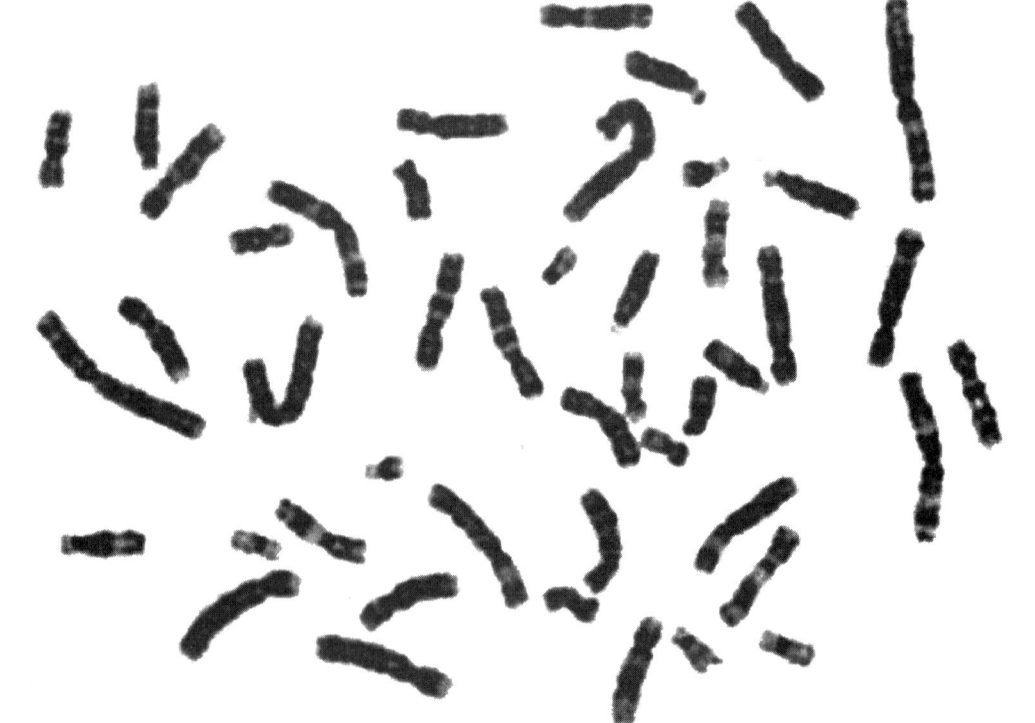

图 18-4　正常男性 G 显带核型（吉姆萨染色，1000×）

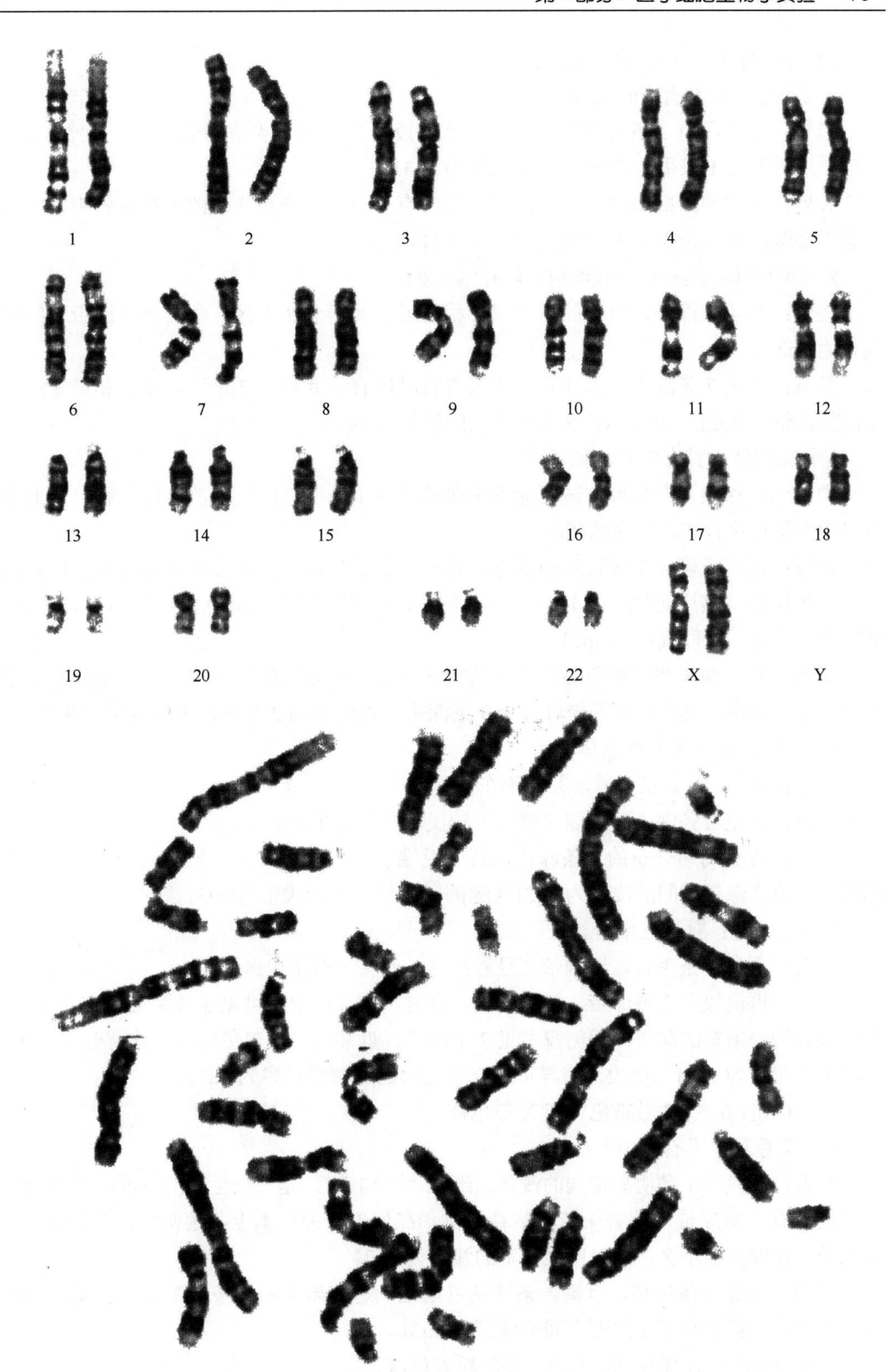

图 18-5　正常女性 G 显带核型（吉姆萨染色，1000×）

(1) A组：1~3号染色体。

1号染色体：具有中着丝粒。

短臂：近侧段有2条着色较深的带，远侧段可显出3~4条淡染的带。短臂分为3个区，近侧的第1深带为1p21，第2深带为1p31。

长臂：次缢痕紧贴着丝粒，染色深，另外有4~5个分布均匀的中等着色带，中央一条带最深；长臂分4个区，中段深带为1q31。

2号染色体：具有亚中着丝粒，约在5/8处。

短臂：有4条深带，中段的两条深带稍靠近。此臂分2个区，中段两条深带之间的浅带为2p21。

长臂：可见7条深带，第3和第4深带有时融合。此臂分3个区，第2和第3深带之间的浅带为2q21，第4和第5深带之间的浅带为2q31。

3号染色体：具有中着丝粒。

中着丝粒深染，在长臂与短臂的近中段各具有1条明显的较宽的浅带，看上去似乎两臂带型呈对称分布，似蝴蝶状。

短臂：近侧段可见1条较宽的深带，处理较好的标本上，此带可分为2条；远侧段可见2条深带，其中远侧一条较窄，且着色浅，这是识别3号染色体短臂的显著特征。此臂分2个区，中段浅带为3p21。

长臂：在近侧段和远侧段各有1条较宽的深带，在处理好的标本上，近侧段的深带可分为2条深带，远侧段的深带可分为3条深带。长臂分为2个区，中段浅带为3q21。

(2) B组：4~5号染色体。

4号染色体：具有亚中着丝粒，约在6/8处。

短臂：可见2条深带，近侧深带染色较浅，只有1个区。

长臂：可见均匀分布的4条深带，其中近端的一条着色最深；长臂分为3个区，近侧第1和第2深带之间的浅带为4q21，远侧段深带之间的浅带为4q31。

5号染色体：具有亚中着丝粒。

短臂：可见2条深带，远侧带宽且着色深，此臂只有1个区。

长臂：近侧段有2条深带，染色较浅，有时不明显；中段可见3条深带，染色较深，有时融合为一条宽的深带；远侧段可见2条深带，近端的一条着色较深；此臂分3个区，中段第2深带为5q21，中段深带与远侧深带之间的宽阔的浅带为5q31。

(3) C组：6~12号染色体和X染色体。

6号染色体：具有亚中着丝粒。

短臂：中段有1条明显宽阔的浅带，形如"小白脸"，是该染色体的特征，近侧段和远侧段各有1条深带，近侧深带紧贴着丝粒。在处理好的标本上，远侧段深带可分为2条深带；短臂分2个区，中段明显而宽的浅带为6p21。

长臂：可见5条深带，近侧一条紧贴着丝粒，远侧末端的一条深带着色较淡；长臂分为2个区，第2和第3深带之间的浅带为6q21。

7号染色体：具有亚中着丝粒，着丝粒着色深。

短臂：有3条深带，中段深带着色较浅，有时不明显，远侧深带着色深，形似"瓶塞"；短臂分为 2 个区，远侧段的深带为 7p21。

长臂：有 3 条明显深带，远侧近末端的一条着色较浅，第 2 和第 3 深带稍接近；长臂分 3 个区，近侧第 1 深带为 7q21，中段第 2 深带为 7q31。

8 号染色体：具有亚中着丝粒。

短臂：有 2 条深带，中段有 1 条较明显的浅带，这是与 10 号染色体区别的主要特征；此臂分 2 个区，中段的浅带为 8p21。

长臂：可见 3 条分界极不明显的深带，分 2 个区，中段深带为 8q21。

9 号染色体：具有亚中着丝粒。

短臂：远侧段和中段各有 1 条深带，在显带较好的标本上，中段可见窄的深带；此臂分 2 个区，中段的深带为 9p21。

长臂：可见 2 条明显深带，着丝粒区深染，其下的次缢痕区浅染而呈现出特有的颈部区；此臂分 3 个区，近侧一条深带为 9q21，远侧一条深带为 9q31。

10 号染色体：具有亚中着丝粒。

短臂：近侧段和近中段各有 1 条深带，在有些标本上近中段可见 2 条深带，与 8 号染色体相比，其上深带的分界欠清晰。此臂只有 1 个区。

长臂：可见明显的 3 条深带。近端的一条着色最深，这是与 8 号染色体区别的一个主要特征，分 2 个区，近端的一条深带为 10q21。

11 号染色体：具有亚中着丝粒。

短臂：近中段可见 1 条深带，在处理较好的标本上，这条深带可分为 3 条较窄的深带。此臂只有 1 个区。

长臂：近侧有 1 条深带，紧贴着丝粒，远侧段可见 1 条明显的较宽的深带，这条深带与近侧的深带之间是一条宽阔的浅带，这是与 12 号染色体区别的一个明显的特征；在显带较好的标本上，远侧段的深带可分为两条较窄的深带，两深带之间有一条很窄的浅带，一般极难辨认，但它是一个分区的界标，在有些标本上近末端处还可见一条窄的淡色的深带。此臂分为 2 个区，上述远侧两条深带之间的浅带为 11q21。

12 号染色体：具有亚中着丝粒。

短臂：中段可见 1 条深带。此臂只有 1 个区。

长臂：近侧有 1 条深带，紧贴着丝粒；中段有 1 条宽的深带，这条深带与近侧深带之间有一条明显的浅带。但与 11 号染色体比较这条浅带较窄，这是鉴别 12 号染色体的一个主要特征，在处理较好的标本上，中段这条较宽的深带可分为 3 条深带。其中间一条着色较深；在有些标本上，远侧段还可以看到 1～2 条染色较淡的深带；长臂分为 2 个区，中段正中的深带为 12q21。

X 染色体：其长度介于 6 号和 7 号染色体之间，主要特点是长臂和短臂中段各有 1 条深带，有"一担挑"之名。

短臂：中段有 1 条明显的深带，如竹节状。在有些标本上，远侧段还可见 1 条窄的、着色淡的深带。此臂分为 2 个区，中段的深带为 Xp21。

长臂：可见 3～4 条深带。近中段一条最明显；长臂分为 2 个区，近中段深带为 Xq21。

(4) D组：13～15号染色体，为较大的3对近端着丝粒染色体，具有随体。

13号染色体：着丝粒区深染。长臂可见4条深带，第1和第4条深带较窄，染色较浅；中间两条宽而深，分为3个区，第2条深带为13q21，第3条深带为13q31。

14号染色体：着丝粒区深染。长臂近侧和远侧各有1条较明显的深带，长臂共有4条深带，但分布不同于13号染色体，近侧一条窄和一条宽的带常融合在一起，在处理较好的标本上，中段可见1条很窄的深带；长臂分3个区，近侧深带为14q21，远侧的较宽深带为14q31。

15号染色体：着丝粒区深染。长臂中段有1条较宽深带，染色较深，有的标本上近侧段可见一条较窄的深带。远侧一条较窄深带位于该臂最末端而有别于14号染色体，长臂分为2个区，中段深带为15q21。

(5) E组：16～18号染色体。

16号染色体：具有中着丝粒。

短臂：中段有1条深带，较好的标本上可见2条深带。此臂只有1个区。

长臂：近侧段和远侧段各有1条深带。有时远侧段一条不明显，次缢痕区着色浓，长臂分2个区，中段深带为16q21。

17号染色体：具有亚中着丝粒。

短臂：有1条深带，紧贴着丝粒。此臂只有1个区。

长臂：远侧段可见1条明显深带。这条深带与着丝粒之间为一明显而宽的浅带；长臂分2个区，这条明显而宽的浅带为17q21。

18号染色体：具有亚中着丝粒。

短臂：有1条窄的深带。此臂只有1个区。

长臂：近侧和远侧各有1条明显的深带。此臂分为2个区，两深带之间的浅带为18q21。

(6) F组：19～20号染色体，具有中着丝粒。

19号染色体：着丝粒及周围为深带，其余为浅带。

短臂和长臂均只有1个区，该染色体为核型中着色最浅的染色体。

20号染色体：全为着色较浅的带型，着丝粒区较为深染。

短臂：有1条明显的深带。此臂只有1个区。

长臂：在中段和远侧段可见1～2条染色较浅的深带，有时全为浅带。此臂只有1个区。此染色体有"头重脚轻"之名。

(7) G组：21～22号染色体和Y染色体，均为近端着丝粒染色体。

21号染色体：具有随体，着丝粒区着色浅，其长度比22号短，其长臂上有明显而宽的深带且靠近着丝粒，分2个区，其深带为21q21。

22号染色体：具有随体，着丝粒区着色深。其长度大于21号染色体，在长臂的中段有1条较窄的深带，长臂只有1个区。

Y染色体：无随体。其形态和长度变化较大，在人群中呈现多态性，一般整个长臂深染，在处理好的标本上有时可见2条深带。长臂只有1个区。

【注意事项】

1. Carnoy 固定液和吉姆萨染液须现配现用。

2. 采血时不要加入太多的肝素,因为肝素含量过多时往往抑制淋巴细胞的转化。

3. 标本质量不佳的原因:①秋水仙碱的处理不当,如秋水仙碱的浓度不够或处理时间不足,结果分裂象太少;如浓度过高或处理时间过长,则使染色体过于缩短,难以进行分析。②低渗处理不当,低渗处理时间过长时,细胞膜往往过早破裂,染色体丢失;如果低渗处理不够,则染色体分散不佳,难以进行计数分析。③离心速度不合适,收集细胞时离心的速度太低易丢失细胞,如果低渗后离心速度过高,往往使分裂象过早破裂,完整的分裂象减少。④标本固定不充分,如 Carnoy 固定液不新鲜,或甲醇、冰醋酸的质量不佳,结果染色体模糊,或残留细胞质痕迹,使背景不清。⑤玻片去污不彻底,冷冻不够,使细胞悬液不能均匀附着以致细胞大量丢失,或染色体分散不佳。

4. 制备 G 显带染色体标本时,要严格控制胰蛋白酶消化时间,时间不足显不出带纹,时间过长,使染色体不规则或形成空泡状。

【附】G 显带歌诀

人类染色体 G 显带识别歌谣

一秃二蛇三蝶飘,四像鞭炮五黑腰;

六号短空小白脸,七盖八下九苗条;

十号长臂近带好,十一低来十二高;

十三、四、五一二一,十六长臂缢痕大;

十七长臂戴脚镣,十八白头肚子饱;

十九中间一点腰,二十头重脚飘飘;

二十一好像葫芦瓢,二十二头上一点黑;

X 染色体一担挑,Y 染色体长臂带黑脚。

【作业报告】

1. 找一张分散良好的中期分裂象,观察计数染色体,并绘制一个核型草图。

2. 进行正常人 G 显带染色体核型照片剪贴。

(熊 晔)

实验十九 小鼠成纤维细胞的原代培养

【实验目的】

1. 掌握哺乳动物细胞原代培养与传代培养过程中的取材、消化及无菌操作等基本实验技术和操作过程。

2. 熟悉在倒置相差显微镜下观察培养细胞的形态和生长状况的方法。

3. 了解细胞原代培养与传代培养的原理和方法。

【实验原理】

自 17 世纪下半叶罗伯特·胡克（Robert Hooke）提出"细胞"概念后，直至 20 世纪中叶细胞培养（cell culture）技术才逐渐发展起来。现代生命科学以及相关领域的研究前提是细胞在体外的生存和增殖。因此，细胞培养技术不仅是细胞生物学密不可分的组成部分，而且已经成为生物化学、生物物理学、遗传学、免疫学、肿瘤学、生理学、分子生物学和神经科学乃至临床医学的重要研究手段之一。同时，细胞培养技术也是细胞生物学延伸至相关学科的主要途径之一。

如今，细胞培养已经成为生命科学和医学研究中最常用的基础技术之一。

细胞培养是指将细胞从机体中取出，通过人工模拟机体内生理条件，使其生存、生长、繁殖和传代。细胞培养的直接目的是维持或扩增细胞数量。同时也可通过细胞培养对细胞生命过程、细胞癌变、细胞工程等问题进行研究。依据取材是来源于动物组织或培养细胞的不同，可将细胞培养分为原代培养和传代培养两种方式。

1. 原代培养（primary culture） 是从供体取得组织或细胞后在体外进行培养直至成功进行首次传代之前的培养。但实际上通常把第一代至第十代以内的培养细胞统称为原代培养。原代培养是建立细胞系的第一步，其最基本的方法有两种：组织块培养法和消化培养法。

组织块培养法是指直接从机体取出组织和器官，通过组织块直接长出单层细胞。该培养法是最常用的原代培养方法，其将刚刚离体的、生长活力旺盛的组织剪成小块接种在培养瓶（皿）中作为实验材料，一段时间后细胞可从贴壁的组织块四周游出并生长。组织块培养法操作过程简便、易行，培养的细胞较易存活，适用于一些来源有限、数量较少的组织的原代培养。

消化培养法是指利用酶或机械方法将组织分散成单个细胞后，在不加任何黏附剂的情况下，直接移植在培养瓶（皿）壁上，加入培养基立即进行培养的方法。该方法主要使用生物化学手段将较小体积的动物组织中妨碍细胞生长的间质加以分解、消化，使组织中结合紧密的细胞连接松散、相互分离，细胞失去与间质的连接，活细胞从组织中释放出来形成含单细胞或细胞团的悬液，分散的细胞易与外界进行新陈代谢互动，在短时间内即可贴壁生长成片。胰蛋白酶主要适用于一些间质少、较软的组织如上皮、肝、肾和胚胎等组织的消化，而胶原酶主要适用于纤维组织及一些较硬的癌组织等的消化。

原代培养最大的优点是，组织和细胞刚刚离体，细胞保持原有细胞的基本性质，生物性状尚未发生很大变化，一定程度上更接近于生物体内的生活状态，可为研究生物体细胞的生长、代谢、繁殖提供有力的手段。一般来说，幼稚状态的组织和细胞，如动物的胚胎、幼仔的脏器等更容易进行原代培养。

2. 传代培养（subculture） 是原代培养细胞或细胞株在体外获得稳定大量同种细胞并维持细胞种延续的过程。当原代培养成功，培养的细胞通过增殖达到一定数量后，必须将细胞从原培养瓶（皿）中加以分离，经稀释后再接种于新的培养瓶（皿）中，这一过程即为传代培养，亦称为继代培养或连续培养。

如果原代细胞是正常细胞，随着培养时间的延长和细胞不断分裂，形成的单层细胞将逐渐汇合，细胞之间就会相互接触继而发生接触性抑制，最终导致细胞生长速度减慢甚至停止；另外，由于细胞生长密度过大也会因生存空间不足而引起营养枯竭，再加之代谢物的积累也不利于细胞生长或易发生中毒。此时，就需要将培养细胞从原培养器中取出，加以分离，以1∶2或1∶3以上比率转移到另外培养瓶（皿）内扩大培养，此过程称为传代（passage）。原代培养细胞经首次传代成功后即成为细胞系，由原先存在于原代培养物中的细胞世系组成。

传代后细胞生长通常经历三个阶段：游离期、指数增生期和停止期。刚刚传代接种后的细胞在培养液中通常呈悬浮状态，此时为游离期，也称悬浮期。这个时期的细胞胞质回缩，胞体常呈球形。

传代后，细胞逐渐贴壁，通常细胞接种2～3d时分裂增殖旺盛，是活力最好时期，称指数增生期（对数生长期），适宜进行各种实验。培养细胞的"一代"是指传代培养的累积次数，其与细胞世代或倍增不同，细胞转移扩大培养的一代中，细胞能倍增3～6次。细胞增殖的旺盛程度通常用细胞分裂指数表示，即细胞群的分裂象数/100个细胞。一般细胞分裂指数为0.2%～0.5%，肿瘤细胞可达3%～5%。

经过指数增生期，细胞快速生长，当细胞长满瓶壁后，细胞虽有活力可继续存活一段时间，但通常不再分裂增殖，此时为停止期。为保存细胞活力，通常在细胞长满瓶底80%～90%时再次传代，继续培养繁殖。

体外培养细胞的生长类型不同，传代培养的方法也不同。贴附型生长的细胞要先进行消化，制成细胞悬液再传代；而悬浮型生长的细胞可直接传代，或离心后传代。

3. 细胞活力测定 在标准化培养和实验条件下，细胞数目及增殖活力测定极其重要。1983年莫斯曼（Mosmann）首次应用MTT比色法检测培养细胞的增殖活力。MTT的化学名称为3-(4,5-二甲基噻唑-2)-2,5-二苯基四氮唑溴盐，商品名为噻唑蓝，它具有接收氢原子而发生显色反应的特点。检测原理：活细胞线粒体中的琥珀酸脱氢酶能使琥珀酸脱氢，脱下的H^+通过递氢体传递，能使外源性染料MTT还原为不溶性的蓝紫色结晶物甲臜（formazan），并沉积在细胞中。细胞中的甲臜蓝紫色结晶物可以溶解在二甲基亚砜（DMSO）、无水乙醇或酸化异丙醇中，并表现为一定的色度。用酶联免疫检测仪在490nm波长处测定其光吸收值，并根据光吸收值的高低判断活细胞数量。在一定细胞数范围内，光吸收值（MTT结晶形成的量）与活细胞数成正比。死细胞内的琥珀酸脱氢酶失去活性，故无此功能。该检测方法灵敏度高、重复性好、操作简便、经济安全，具有良好的相关性。广泛用于一些生物活性因子的活性检测、大规模的抗肿瘤药物筛选、细胞毒性试验及肿瘤放射敏感性测定等方面。

【实验物品】

1. 材料 新生小鼠、HeLa细胞（人宫颈癌细胞）。

2. 器材和仪器 超净工作台、解剖器材、酒精灯、离心管、移液管、吸管、烧杯、大培养皿（100mm）、96孔细胞培养板、不锈钢滤网（100目、200目）、水浴箱、血细胞计数器、培养瓶、二氧化碳培养箱、离心机、盖玻片、擦镜纸、香柏油、倒置相差显微镜、显微镜、全自动酶标仪（bio-rad550型）等。

3. 试剂

（1）75% 乙醇溶液。

（2）PBS（pH 7.2）：NaCl 8g、KCl 0.2g、Na_2HPO_4 1.44g、KH_2PO_4 0.24g，调 pH 7.4，定容至 1L。

（3）无钙、镁离子 PBS。

（4）D-Hanks 液（无钙、镁离子的 Hanks 液）。

（5）消化液（0.25% 胰蛋白酶、0.02% EDTA 各 1 份）。

（6）0.25% 胰蛋白酶溶液（胰蛋白酶 0.25g、D-Hanks 液 100ml，pH 7.4）。

（7）0.4% 锥虫蓝。

（8）培养液

EMEM 培养液：EMEM 85 份，小牛血清 15 份，加入青霉素、链霉素储存液 1 份，使青霉素、链霉素的最终浓度分别为 100 单位及 100ng/ml。EMEM 培养液可选用各种试剂公司供应的粉末培养基，按生产厂商提供资料配制并除菌，4℃冰箱储存。

DMEM：配制方法同 EMEM。

RPMI-1640 培养液：90% RPMI-1640、10% 胎牛血清、双抗（青霉素、链霉素）。

7.4% $NaHCO_3$ 调 pH 至 6.8～7.0。

RPMI-1640 维持液：5% 胎牛血清，其余同上。

（9）0.5%MTT 溶液（5mg/ml）：MTT 0.5g，溶于 100ml 的 PBS 中，用 0.22μm 滤膜过滤以除去溶液里的细菌，放 4℃避光保存，2 周内有效。在配制和保存的过程中，容器最好用铝箔纸包住避光。MTT 最好现用现配。

（10）二甲基亚砜。

（11）碘伏。

【实验操作】

（一）原代培养

1. 组织块培养法

（1）动物处死：取新生小鼠（出生 2～3d）一只，用颈椎脱臼法处死；为避免过多血细胞的干扰，也可采用剪断颈动脉放血的方法处死。然后，把新生小鼠浸入盛有 75% 乙醇溶液的烧杯中 2～3s，取出后放在大培养皿中携入超净工作台。

（2）取材：用碘酒和 75% 乙醇溶液将小鼠再次消毒一次。打开消毒器械包，用镊子夹起新生小鼠腹部皮肤，用解剖剪剪开腹腔，充分暴露腹腔；用另一镊子轻轻夹起肠管，翻置一侧，充分暴露位于腹腔后壁脊柱两侧的肾脏（右肾略低）；取下双侧肾脏，放入消毒培养皿中（或取出肝组织置于培养皿中）。

（3）剪切：剪开肾膜，剥向肾门，去除肾膜及脂肪；用吸管吸取过菌的 PBS（或 Hanks 液）将肾脏清洗 3 次，去除血污；将肾脏移入另一培养皿中，沿纵轴剪开肾脏，剪去肾盂，用眼科剪将肾组织反复剪碎，直到剪成 0.5～1mm³ 组织块；用吸管加 2～3 滴培养液轻轻吹打，使组织块悬浮在培养液中（或用 Hanks 液反复冲洗肝组织，以除去血细胞，然后将肝组织移入另一个培养皿中，用吸管吸取 0.5ml 培养液置于肝组织上，用另一眼科剪将其剪成 0.5～1mm³ 组织块）。

（4）接种：用弯头吸管小心分次吸取组织块，使组织块吸在吸管端部，要避免吸得过高，以防组织块黏附于吸管壁而丢失。将组织块均匀排布在培养瓶底部，控制组织块间距在 0.5cm 左右，每 25ml 培养瓶底可排布 15～20 个组织块。轻轻翻转培养瓶，使瓶底向上，翻瓶时勿使组织块流动，加入 2～3ml 培养液（液层厚约 1.5mm），塞好瓶塞，置 37℃二氧化碳培养箱中培养 2～3h（勿超过 4h）。此时组织块略干燥，能贴附于瓶壁上。

（5）培养：慢慢翻转培养瓶，使培养液浸泡附于瓶底的组织块，置培养箱中静止培养。操作过程中动作一定要轻，减少振动，使培养液慢慢覆盖组织块，否则会使组织块脱落，影响贴壁培养。

（6）观察：24h 后取出观察，移动培养瓶时要尽量避免培养液振荡撞击组织块。在显微镜下观察已贴壁的组织块周围有无细胞长出。

2. 消化培养法

（1）动物处死、取材及剪切：与组织块培养法相同。剪切后的组织块再用除过菌的 PBS（或 Hanks 液）清洗数次，直到 PBS 澄清为止。移入无菌离心管中，静置数分钟，使组织块自然沉到管底，弃上清液。

（2）消化及分散组织块：按组织块体积 5～10 倍量，吸取消化液（0.25% 胰蛋白酶、0.02% EDTA 各 1 份）加到含组织块的无菌离心管中，与组织块混匀后，加盖无菌塞子密封，置 37℃水浴中消化 10～20min，其间每 5min 摇动一次，使组织块散开并与消化液充分接触。当组织块变得疏松、颜色略白时，从水浴中取出离心管，在超净工作台内静置后吸去含胰蛋白酶的上清液（此步骤可以在 800～1000r/min 离心 3～5min 后再去除含胰蛋白酶的上清液），加入 2～3ml 培养液，终止消化。用吸管反复吹打，直到大部分组织块分散成单细胞或细胞团状态。最后将此细胞悬液用 100 目、200 目的不锈钢滤网过滤至烧杯中。

（3）计数及稀释：从过滤的细胞悬液中取 1ml，用血细胞计数器计数。根据计数结果，用培养液稀释，稀释后的细胞密度以 5×10^5～1×10^6 个/ml 为宜。

（4）接种培养：将稀释好的细胞悬液分装于培养瓶中，一般 25ml 培养瓶分装 4～5ml，青霉素小瓶分装 1ml。培养瓶上做好标记，培养瓶盖旋紧后再松半个螺旋，置 37℃二氧化碳培养箱中培养。

（5）观察：接种培养后要每日观察培养液是否被污染、颜色变化及细胞生长状况。培养液黄色且浑浊表示污染，紫红色表明细胞生长不良，橘红色表明细胞生长良好。

（二）传代培养

1. 贴壁细胞的传代培养

（1）准备：从二氧化碳培养箱中取出原代培养细胞，在显微镜下观察，确认已长成致密单层、生长良好，适宜传代培养。将培养瓶连同所需实验用品备齐，放入超净工作台内，所有实验操作均在超净工作台内进行。

（2）消化：弃去原代培养瓶内的旧培养液，加入适量无钙、镁离子 PBS（或 Hanks 液），轻轻摇动培养瓶，清洗残留在细胞表面的培养液和细胞碎片，弃去清洗液。在培养瓶内加入消化液（0.25%胰蛋白酶、0.02% EDTA 各 1 份）2～3ml，以液面覆盖细胞为宜。培养瓶置 37℃二氧化碳培养箱内 2～3min 后，在倒置显微镜下观察培养瓶中的细胞，当发现细胞胞质回缩、细胞间缝隙增大时，或翻转培养瓶肉眼观察，细胞单层出现针孔大小的缝隙，则快速弃去消化液；如未出现缝隙，则继续消化，直到出现缝隙。向培养瓶中加入 PBS（或 Hanks 液），轻转培养瓶清洗残留的消化液后倒掉 PBS（或 Hanks 液）。

（3）分装：在培养瓶内加入新配制的培养液约 3ml，并用吸管反复吹打瓶壁，至细胞层全部脱落，再轻轻吹打细胞悬液，使细胞散开。吹打时应按一定的顺序进行，即从培养瓶底部的一侧开始吹打至另一侧结束，尽量使每个部位的细胞都能被吹到。吹打时不能太用力，尽量不产生气泡，避免损伤细胞。在倒置显微镜下观察细胞，当贴壁细胞均已悬浮于培养液中，且细胞已分散成单细胞或细胞团时，终止吹打。取细胞悬液计数并用锥虫蓝染色，计算细胞密度及细胞活力，据此对细胞悬液补加适量培养液稀释，调整细胞密度为 1×10^5～1×10^6 个/ml，将其分装到 2 瓶或多瓶中。原代培养的细胞首次传代时，细胞密度宜大些，以使细胞尽快适应新的环境，利于细胞生存和增殖。如原培养瓶为 5ml 培养液，分装 2 瓶时，则需补加培养液到 10ml，混匀后分一半到另一培养瓶中。在分装好的培养瓶上标明日期、细胞代号等标志。

（4）培养与观察：轻轻摇动分装好的培养瓶，置 37℃二氧化碳培养箱中培养。传代后要每日观察培养液的颜色变化及细胞生长状况。通常，细胞传代培养 2h 左右，细胞即能贴壁生长，2～4h 可形成单层。培养过程中，可通过 0.5%锥虫蓝染色了解培养细胞中死、活细胞的比例。

2. 悬浮细胞的传代培养 少数细胞，如某些癌细胞、血液中白细胞，体外培养时为悬浮生长、不贴壁，其传代培养的方法不同于贴壁生长的细胞，可通过离心收集细胞后传代或直接传代。

（1）离心传代：超净工作台内用吸管将培养瓶内的细胞吹打均匀，如有半贴壁的细胞应将其吹打下来。将细胞悬液转移到无菌离心管中，平衡后置于离心机中以 800～1000r/min 离心 5min，弃上清液，加适量新配制的培养液吹打混匀成细胞悬液。细胞计数，按 1：2 或 1：3 的比例将细胞悬液稀释，分装于新的培养瓶中进行培养。培养及观察等操作同贴壁细胞的传代培养。

（2）直接传代：让悬浮细胞慢慢沉淀到瓶底，弃去上清液 1/3～1/2 后，用吸管吹打成细胞悬液，其后的操作同上。

（三）培养细胞活力测定

1. 接种细胞 用 0.25%胰蛋白酶消化 HeLa 细胞，并用培养基制成单个细胞悬液，以 5×10^4 个/ml 接种于 96 孔细胞培养板，每孔 200μl，5%CO_2、37℃培养 3～5d。实验分为 3 个组：加药实验组、不加药对照组及不接种细胞也不加药的空白组，每组 8 个复孔。培养 24h 后，实验组加药处理，继续培养至 72h。

2. 染色 每孔加入 20μl 0.5%MTT 溶液（5mg/ml），若实验组所加药物能与 MTT 反应，应先离心弃去培养液，小心用 PBS 冲洗 2～3 遍后，再加入含 MTT 的培养液，继续培养 4h。

3. 离心　与另一96孔细胞培养板平衡后，1000r/min 离心10min，用力甩去上清液。

4. 溶解　每孔加入200μl 二甲基亚砜，避光振荡10min，以溶解紫色结晶。

5. 测定　用全自动酶标仪（bio-rad550型）测定波长490nm处各孔的光密度值（OD值）。加药实验组和不加药对照组 OD 值以空白组 OD 值调零。

6. 计算实验组细胞存活率、抑制率　细胞存活率越小，说明实验组药物的作用强度越大；抑制率越大，说明实验组药物的作用强度越大。计算公式如下：

细胞存活率=(加药实验组 OD 值/不加药对照组 OD 值)×100%

抑制率=(不加药对照组 OD 值−加药实验组 OD 值)/不加药对照组 OD 值×100%

【结果判定】

1. 组织块法培养细胞的观察　培养24h后，倒置显微镜下可观察到组织块周围开始有少量的细胞。一般最先长出形态不规则的游走细胞，接着长出成纤维细胞或上皮细胞，随着培养时间的延长，组织块周围形成较大的生长晕，以后细胞生长加快，呈放射状向外扩展逐渐连成一片（图19-1）。当细胞从组织块游出数量增多时，应根据培养液颜色，补加或更换培养液。培养液表面如有漂浮的组织块，要及时吸弃。细胞生长良好时，10～15d 可长成致密单层，需传代培养。

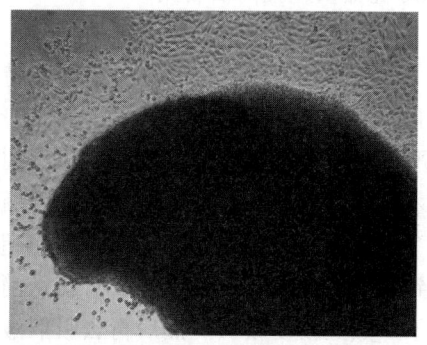

图19-1　组织块周围细胞呈放射状向外扩展（黑色团块即为组织块，100×）

2. 胰蛋白酶消化法培养细胞的观察　正常情况下，倒置显微镜下可观察刚接种的细胞均呈圆形悬浮于培养液中，接种24h后可见许多细胞贴壁，细胞由圆形悬浮状态伸展成梭形（图19-2）；若细胞生长不良或培养液变红，应在无菌条件下更换培养液。培养3～4d时，细胞增殖旺盛，数量增多，细胞透明，颗粒少，界线清楚，可见细胞岛形成；此时若培养液变黄、澄清，表明细胞已生长，但营养成分不足，代谢产物堆积，CO_2 增多，可更换1/2新培养液或维持液。此后，每3～4d更换新培养液或维持液。维持液与培养液的差别仅在于血清量为5%。通常在7～10d，细胞基本形成致密单层（图19-3），可进行传代培养。

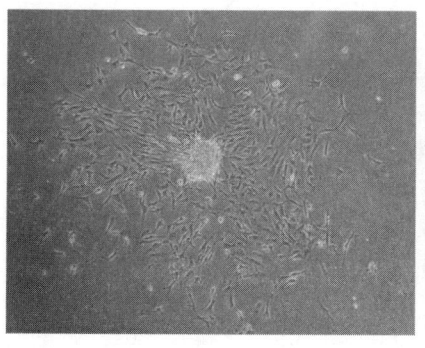

图19-2　细胞由圆形悬浮状态伸展成梭形并贴壁（100×）

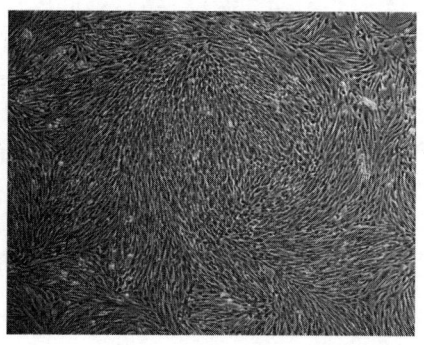

图19-3　倒置显微镜下长成致密单层的小鼠成纤维细胞（100×）

【注意事项】

1. 细胞培养的无菌操作要求　准备工作对开展细胞培养非常重要，工作量也较大，应给予足够的重视，准备工作中某一环节的疏忽可导致实验失败或无法进行。准备工作的内容包括器皿的清洗、干燥与消毒，培养基与其他试剂的配制、分装及灭菌，无菌室或超净工作台的清洁与消毒，培养箱及其他仪器的检查与调试。

2. 器材和液体的准备　细胞培养用的玻璃器材，如培养瓶、吸管等在清洗干净以后，装在铝盒或铁筒中，160℃ 90～120min 干烤灭菌后备用；手术器材、瓶塞等用灭菌锅15磅（1磅=0.453 592kg）（121℃）蒸汽灭菌 20min；培养液、小牛血清、消化液等用 G6 滤器负压抽滤后备用。

3. 无菌操作中的注意事项

（1）在无菌操作中，一定要保持工作区的无菌清洁。为此，在操作前要认真地洗手并用 75% 乙醇溶液消毒。操作前 20～30min 启动超净工作台吹风。操作时，严禁说话，严禁用手直接拿无菌的物品，应该用止血钳、镊子等去夹取。培养瓶要在超净工作台内才能打开瓶塞，打开之前用乙醇将瓶口消毒，打开后和加塞前瓶口都要在酒精灯上烧一下，打开瓶口后的操作全部都要在超净工作台内完成。操作完成后，塞紧瓶塞，才能拿到超净工作台外。使用的吸管在从消毒的铁筒中取出后要手拿末端，将尖端在火上烧一下，戴上胶皮吸头，然后再去吸取液体。总之，在整个操作过程都应尽量在酒精灯的周围进行。

（2）用灭菌的 PBS（或 Hanks 液）清洗组织块时冲洗要充分，尽量去除血细胞，避免其溶血后对培养细胞的生长产生影响。

【作业报告】

1. 记录原代培养、传代培养的过程和观察到的细胞生长情况。

2. 根据你的实验，计算出细胞存活率或抑制率。

（王　茜）

第二部分 复习思考题及选择题参考答案

第一章 绪　论

一、单选题

1. 现在地球上生存的生物，至少有
   A. 200 万种　　B. 300 万种　　C. 400 万种　　D. 500 万种　　E. 600 万种
2. 细胞生物学研究范围是
   A. 细胞　　B. 细胞器　　C. 细胞分子　　D. 细胞、细胞器、细胞分子
   E. 以上都不对
3. 细胞生物学的研究历史大致可分为四个阶段，其中电子显微镜的发明与细胞超微结构的研究应属于
   A. 第一阶段　　B. 第二阶段　　C. 第三阶段　　D. 第四阶段
   E. 还不明确
4. 下述哪一项不是生命科学基础理论研究中的四大支撑学科
   A. 分子生物学　　B. 细胞生物学　　C. 生态学　　D. 神经生物学　　E. 生理学

二、简答题

1. 简述细胞生物学与医学细胞生物学的关系。
2. 你认为细胞研究历史中有哪十个重大事件？
3. 学习医学细胞生物学对以后各基础学科学习有何意义？

选择题参考答案：1. A　2. D　3. C　4. E

第二章 细胞的概念和分子基础

一、单选题

1. 下述哪种细胞的外观最接近圆形
   A. 神经细胞　　B. 中性粒细胞　　C. 肝细胞　　D. 表皮细胞　　E. 肌细胞
2. 细菌有下述哪种结构
   A. 内质网　　B. 溶酶体　　C. 过氧化物酶体　　D. 质粒　　E. 中心体
3. 人类细胞中，DNA 分子的长度可达
   A. 1～2μm　　B. 4～5μm　　C. 1～2cm　　D. 4～5cm　　E. 1～2mm
4. 细胞膜不能称为
   A. 质膜　　B. 单位膜　　C. 通透膜　　D. 生物膜　　E. 膜相结构
5. 下列描述，哪一项是错误的
   A. DNA 和 RNA 均为核酸　　B. RNA 多位于细胞质

C. DNA 分子量较大　　　　　　D. DNA 和 RNA 的碱基组成有不同之处

E. DNA 和 RNA 的功能几乎相同

6. 下列描述，哪一项是正确的

A. 在电镜下，可将细菌的结构分为膜相和非膜相两部分

B. 动物细胞的染色质不是膜相结构

C. RNA 以双链核苷酸为主

D. RNA 只有 3 种

E. 生物膜与单位膜不是一个概念

7. 以下哪个是大分子物质

A. 葡萄糖　　　B. 核苷酸　　　C. 脂肪酸　　　D. 胆固醇　　　E. DNA

8. 关于显微结构的概念，下述哪种说法是错误的

A. 所有显微镜观察到的结构　　　B. 只限光镜观察到的结构

C. 只限透射电镜观察到的结构　　D. 只限扫描电镜观察到的结构

E. 只限一般放大镜观察到的结构

二、简答题

1. 说明原核细胞与真核细胞在结构和生命特征上的差异。

2. 简述细胞的形态、大小及其化学组成。

3. 真核细胞中膜相、非膜相结构的成员有哪些？

4. 简述 DNA 与 RNA 结构及功能上的区别。

5. 简述三种 RNA 的主要差异。

选择题参考答案：1. B　2. D　3. D　4. C　5. E　6. B　7. E　8. B

第三章　医学细胞生物学研究方法

一、单选题

1. 光学显微镜中，哪个属于光学构件

A. 物镜　　　B. 镜筒　　　C. 载物台　　　D. 聚光器　　　E. 光源

2. 透射电镜拍摄的细胞结构照片中，相对暗、发黑的地方称为

A. 染色深　　　B. 切片厚　　　C. 电子密度高　　　D. 电子密度低

E. 从上都不对

3. 如果要对细胞中某种酶进行定性，一般采用

A. 普通光镜观察方法　　　B. 透射电镜观察方法

C. 扫描电镜观察方法　　　D. 细胞化学方法

E. 流式细胞术方法

4. 用扫描电镜观察细胞时，细胞

A. 要切成上百片　B. 要切成几十片　C. 要切成几片　　D. 不用切片

E. 以上都不对

5. 分辨率最高，放大倍数最大的显微镜是
A. 透射电镜　　　B. 扫描电镜　　　C. 普通光镜　　　D. 荧光显微镜
E. 激光共聚焦扫描显微镜

6. 免疫细胞化学反应的间接法，需要几种抗体
A. 1 种　　　B. 2 种　　　C. 3 种　　　D. 4 种　　　E. 5 种

7. 分离 DNA 时，常用的技术是
A. 低速离心　　　B. 高速离心　　　C. 乙醇提取　　　D. 酚提取
E. 乙醚提取

8. Western blotting 技术主要用于
A. 分析蛋白质的表达　　　B. DNA 的扩增　　　C. DNA 的突变
D. RNA 的含量　　　E. 以上都不对

9. 流式细胞仪分离细胞时，激发细胞发光的光源是
A. 自然光　　　B. 激光　　　C. 荧光　　　D. 电子光
E. 以上都不对

10. 离心技术中，被离心物质的沉降系数（s）与颗粒的下述哪项性质无关
A. 颗粒大小　　　B. 颗粒密度　　　C. 介质密度　　　D. 介质黏稠度
E. 介质的温度

二、简答题

1. 激光共聚焦扫描显微镜与普通光学显微镜相比有什么突出优点和用途？
2. 电子显微镜和光学显微镜的主要区别有哪些？
3. 细胞化学技术包括哪几种具体的技术方法？各有何特点？
4. 何为细胞原代培养和传代培养？

选择题参考答案：1. A　2. C　3. D　4. D　5. A　6. B　7. D　8. A　9. B　10. E

第四章　细　胞　膜

一、单选题

1. 细胞膜的基本骨架由谁构成
A. 糖　　　B. 蛋白质　　　C. 脂类分子　　　D. 遗传物质
E. 以上都不对

2. 细胞膜因下述哪项功能而不断被消耗
A. 吞饮　　　B. 简单扩散　　　C. 被动运输　　　D. 易化扩散　　　E. 主动运输

3. 构成膜糖寡糖链的单糖数量常常是
A. 5 个以下　　　B. 10 个以下　　　C. 10 个以上　　　D. 15 个以上　　　E. 20 个以上

4. 下列哪种物质最不容易通过细胞膜
A. 氧　　　B. 水　　　C. 葡萄糖　　　D. 二氧化碳　　　E. 钙离子

5. ABC 转运体实施的功能是一种
 A. 简单扩散　　B. 被动运输　　C. ATP 驱动泵　　D. 共运输
 E. 对向运输

6. 形成甘油磷脂分子骨架的是
 A. 甘油　　B. 脂肪酸　　C. 磷脂酰　　D. 甘油和磷脂酰
 E. 甘油和脂肪

7. 鞘磷脂在下列哪种细胞的细胞膜中含量最多
 A. 原核细胞　　B. 植物细胞　　C. 肝细胞　　D. 神经细胞
 E. 心肌细胞

8. 细胞膜内在蛋白在穿膜区形成 α 螺旋通常需要
 A. 5～10 个疏水性氨基酸　　B. 5～15 个疏水性氨基酸
 C. 10～15 个疏水性氨基酸　　D. 15～20 个疏水性氨基酸
 E. 20～35 个疏水性氨基酸

9. 关于胞吞作用，下列哪种描述正确
 A. 消耗了受体　　B. 消耗了细胞膜　　C. 消耗了内质网　　D. 消耗了线粒体
 E. 消耗了核糖体

10. 细胞表面的组成是
 A. 细胞膜　　B. 细胞外被　　C. 细胞膜和细胞外被
 D. 细胞膜、细胞外被和胞质溶胶　　E. 以上都不对

二、简答题

1. 简述细胞膜磷脂分子的种类和特性。
2. 简述细胞膜内在蛋白的类型及构成特点。
3. 简述钠钾泵的结构及其作用机制。
4. 简述直接主动运输与间接主动运输的主要区别。
5. 以 LDL 为例，简述大分子物质进入细胞内的方式和过程。

选择题参考答案：1. C　2. A　3. B　4. E　5. C　6. A　7. D　8. D　9. B　10. D

第五章　细胞连接和细胞外基质

一、单选题

1. 细胞连接的本质是邻近两个细胞之间
 A. 细胞膜甘油磷脂分子的延续　　B. 细胞膜鞘磷脂分子的延续
 C. 细胞膜外周蛋白的延续　　D. 细胞膜内在蛋白的延续
 E. 以上都不对

2. 下列哪种细胞之间，锚定连接比较丰富
 A. 脂肪细胞　　B. 肝细胞　　C. 神经细胞　　D. 宫颈上皮细胞
 E. 干细胞

3. 通常，半桥粒有一个面连接着
A. 胶原纤维　　　B. 弹性纤维　　　C. 层粘连蛋白　　　D. 基膜
E. 以上都不对
4. 连接子对接形成一个完整的连接两细胞间通道，但下列哪种分子难以通过
A. 水　　　B. 氨基酸　　　C. 脂肪酸　　　D. 葡萄糖　　　E. 抗体
5. 细胞黏附分子是细胞膜上的
A. 特殊的受体　　B. 特殊的脂肪酸　C. 特殊的多糖　　D. 特殊的氨基酸
E. 以上都不对
6. 黏附分子多数需要依赖哪种离子发挥作用
A. 钠离子　　　B. 钾离子　　　C. 钙离子　　　D. 氢离子　　　E. 氯离子
7. 整联蛋白分子结构特点是
A. 异源二聚体穿膜黏着蛋白　　　B. 蛋白质分子单次穿膜
C. 两个α亚单位结合而成　　　　D. 两个β亚单位结合而成
E. 多个α亚单位结合而成
8. 下列哪种物质不构成细胞外基质的组分
A. 氨基聚糖　　　B. 脂肪酸链　　　C. 蛋白聚糖　　　D. 纤连蛋白
E. 层粘连蛋白
9. 氨基聚糖家族中，分子量最大的成员是
A. 肝素　　　B. 6-硫酸软骨素　　　C. 透明质酸　　　D. 4-硫酸软骨素
E. 硫酸角质素
10. 关于胶原蛋白，下述正确的是
A. 由游离核糖体合成　　　　　B. 经胞吐形式释放
C. 分子量很小　　　　　　　　D. 在细胞外完成组装
E. 结缔组织中基本没有

二、简答题

1. 紧密连接的功能是什么？
2. 锚定连接有什么特点？可以分为哪几类？请比较这几类的结构组成特点。
3. 间隙连接是如何构建的？
4. 请比较钙连蛋白、免疫球蛋白超家族、选择素、整联蛋白这四种黏附分子的主要结构特点及功能。
5. 细胞外基质的主要成分有哪些？
6. 比较氨基聚糖和蛋白聚糖的组成和结构特点。

选择题参考答案：1. E　2. D　3. D　4. E　5. A　6. C　7. A　8. B　9. C　10. B

第六章 细胞内膜系统及囊泡转运

一、单选题

1. 根据信号肽假说，以下哪一项与蛋白质从胞质溶胶转移到内质网膜上合成无关
   A. 信号识别颗粒　B. 信号肽　　　C. 网格蛋白　　　D. 易位蛋白
   E. 停靠蛋白质

2. 蛋白质的分选信号在何处获得
   A. 核糖体　　　　B. 糙面内质网　　C. 光面内质网　　D. 高尔基体
   E. 溶酶体

3. 下列对细胞内囊泡运输的说法正确的一项是
   A. 所有膜性结构都能产生囊泡　　　B. 只有内膜系统才能产生囊泡
   C. 囊泡运输以微管为轨道行单向运输，并消耗能量
   D. COPⅡ有被小泡负责从高尔基体回收转运内质网逃逸蛋白返回内质网
   E. 高尔基体反面（成熟面）芽生而成的是网格蛋白有被小泡

4. 网质蛋白不包括
   A. 免疫球蛋白重链结合蛋白　　　　B. 葡萄糖调节蛋白94
   C. 钙网蛋白　　　　　　　　D. 钙连蛋白　　　E. 钙调蛋白

5. 不属于异噬性溶酶体内物质的是
   A. 衰老、死亡或残损的细胞　　　　B. 凋亡的细胞
   C. 细菌或病毒　　　　　　　　　　D. LDL 颗粒
   E. 衰老、死亡或残损的细胞器

6. 负责调节细胞氧张力的细胞器是
   A. 线粒体　　　　　　　B. 内质网　　　C. 高尔基体
   D. 溶酶体　　　　　　　E. 过氧化物酶体

7. 下列与光面内质网功能无关的是
   A. 脂质的合成与转运　　　　B. 糖原的分解　　C. 水解蛋白质
   D. 氧化及电子传递　　　　　E. 调节细胞质钙离子浓度

8. 穿膜蛋白合成后在细胞哪个区域完成穿膜
   A. 胞质溶胶　　　B. 内质网　　　C. 高尔基体　　　D. 质膜
   E. 以上都可以

9. 核周间隙与何物质内部相通
   A. 光面内质网　　B. 高尔基体　　　C. 溶酶体　　　　D. 线粒体
   E. 糙面内质网

10. 识别溶酶体酸性水解酶分选信号的受体位于
    A. 糙面内质网　　　　　　　B. 高尔基体顺面
    C. 高尔基体中间膜囊　　　　D. 高尔基体反面
    E. 早期内体

11. 硅肺的发病机制与哪种细胞器有关
　　A. 核糖体　　　　B. 线粒体　　　　C. 溶酶体　　　　D. 过氧化物酶体
　　E. 高尔基体
12. 精子的顶体是下列哪种细胞器特化而来
　　A. 内质网　　　　B. 高尔基体　　　C. 溶酶体　　　　D. 线粒体
　　E. 过氧化物酶体
13. O-连接糖基化发生的位点不包括
　　A. 丝氨酸　　　　B. 苏氨酸　　　　C. 酪氨酸　　　　D. 天冬氨酸
　　E. 羟脯氨酸
14. 下列细胞中，糙面内质网发达的是
　　A. 胚胎细胞　　　B. 干细胞　　　　C. 肿瘤细胞　　　D. 胰腺细胞
　　E. 骨骼肌细胞

二、简答题

1. 为什么内膜系统中不包含线粒体？
2. 糙面内质网与光面内质网在形态、分布及功能上有何区别？
3. 高尔基体具有极性吗？为什么？
4. 从溶酶体的形成谈谈高尔基体对蛋白质的分选功能。
5. 负责转运蛋白质的囊泡是内膜系统的重要组成部分之一，请简述在内质网、高尔基体及细胞膜之间转运的主要囊泡类型。

选择题参考答案：1. C　2. D　3. E　4. E　5. E　6. E　7. C　8. B　9. E　10. D　11. C　12. C　13. D　14. D

第七章　线　粒　体

一、单选题

1. 底物水平磷酸化可发生于
　　A. 细胞质　　　　B. 线粒体基质　　C. 线粒体内膜　　D. A 和 B　　　　E. B 和 C
2. 以下由双层膜构成的细胞器是
　　A. 内质网　　　　B. 高尔基体　　　C. 溶酶体　　　　D. 线粒体
　　E. 过氧化物酶体
3. 线粒体中能催化 ADP 磷酸化生成 ATP 的结构是
　　A. 基粒头部　　　B. 基粒柄部　　　C. 基粒基片　　　D. 嵴内腔　　　　E. 嵴间腔
4. 线粒体通过下列哪种物质参与细胞凋亡
　　A. 释放细胞色素 c　　　　　　　　B. 释放 AChE　　　　　　　　C. ATP 合成酶
　　D. SOD　　　　　　　　　　　　　E. 苹果酸脱氢酶
5. ATP 生成的主要方式是
　　A. 底物水平磷酸化　　　　　　　　B. 氧化磷酸化　　　　　　　　C. 糖的磷酸化

D. 脂肪酸氧化　　　　　　　　　E. 有机酸脱羧

6. 下列关于线粒体内膜的叙述正确的是

A. 厚度与外膜一样　　　　　　　B. 标志酶为单胺氧化酶

C. 蛋白质的含量约占 60%　　　　D. 具有高度的选择通透性

E. 内膜向膜间腔突出形成嵴

7. 关于线粒体的遗传体系，说法错误的是

A. 真核细胞的线粒体 DNA 为线性 DNA

B. 线粒体中大多数酶或蛋白质由细胞核 DNA 编码

C. 人类线粒体基因组共编码了 37 个基因

D. 核基因组中的非编码序列远远多于线粒体基因组

E. 与核基因组合成的 mRNA 不同，线粒体基因组合成的 mRNA 不含内含子

8. 线粒体内膜上的质子通道位于

A. 基粒头部　　B. 基粒柄部　　C. 基粒基片　　D. 内外膜相互接触点

E. 以上都不对

9. 下列关于线粒体遗传体系的描述中，错误的是

A. 所有线粒体特需的蛋白质均由线粒体 DNA 编码

B. 线粒体编码的 RNA 和蛋白质并不运出线粒体

C. 线粒体 mRNA 不含内含子

D. 线粒体 mRNA 翻译的起始氨基酸为甲酰甲硫氨酸

E. 所有 mtDNA 编码的蛋白质都是在线粒体核糖体上进行翻译的

10. 线粒体内膜的标志酶是

A. 细胞色素氧化酶　　　　B. 单胺氧化酶　　C. 腺苷酸激酶

D. 苹果酸脱氢酶　　　　　E. 糖基转移酶

11. 丙酮酸→二氧化碳+水的过程发生在

A. 细胞质基质　　B. 内质网　　C. 溶酶体　　D. 线粒体基质

E. 核糖体内膜

12. 1 分子 NADH+H$^+$ 经过电子传递，释放的能量可以形成几分子 ATP

A. 1　　　B. 1.5　　　C. 2.5　　　D. 2　　　E. 3

13. 动物细胞中能够产生 ATP 的细胞器是

A. 中心体　　B. 溶酶体　　C. 线粒体　　D. 核糖体

E. 高尔基体

14. 提供合成 ATP 能量的跨膜质子梯度是发生在

A. 线粒体内膜　　B. 线粒体外膜　　C. 叶绿体内膜　　D. 内质网膜

E. 线粒体基质

15. 线粒体外膜的标志酶是

A. 细胞色素氧化酶　　　　B. 单胺氧化酶　　C. 琥珀酸脱氢酶

D. 腺苷酸环化酶　　　　　E. 苹果酸脱氢酶

二、简答题

1. 简述线粒体的基本形态结构及其各部分在细胞有氧氧化中发挥的作用。
2. 为什么说线粒体是一种半自主性细胞器？
3. 什么是呼吸链？电子经呼吸链传递后释放的自由能去哪了？
4. 线粒体内膜上附着的基粒的化学本质是什么？为什么说它是氧化磷酸化耦联关键装置？
5. 简述氧化磷酸化耦联的基本原理及过程（化学渗透假说）。

选择题参考答案：1. D 2. D 3. A 4. A 5. B 6. D 7. A 8. C 9. A 10. A 11. D 12. C 13. C 14. A 15. B

第八章 细胞骨架

一、单选题

1. 起稳定微管作用的药物是
   A. 紫杉醇   B. 长春碱   C. 秋水仙碱   D. 细胞松弛素 B
   E. 鬼笔环肽

2. 下列蛋白质中，以微丝为运行轨道的马达蛋白是
   A. 微管蛋白   B. 动力蛋白   C. 驱动蛋白   D. 肌动蛋白
   E. 肌球蛋白

3. 有关细胞骨架在细胞内分布描述正确的是
   A. 微管主要分布于细胞膜下   B. 微丝呈放射性网络分布
   C. 中间纤维遍布细胞核与细胞质   D. 纤毛内部是微丝
   E. 以上均不正确

4. 构成微管的蛋白质有
   A. α-tubulin   B. β-tubulin   C. γ-tubulin   D. A 和 B
   E. A、B 和 C

5. 中心粒的超微结构是
   A. 9 组二联微管围成的圆筒状结构
   B. 9 组二联微管围成的筒状结构，中间有两根单管
   C. 9 组三联微管围成的筒状结构
   D. 9 组三联微管围成的筒状结构，中间有两根单管
   E. 9 组单管围成的筒状结构

6. 下列哪种细胞结构中不含微管
   A. 鞭毛   B. 中心体   C. 微绒毛   D. 纺锤体   E. 纤毛

7. 纤毛和鞭毛体部的微管均以"9+2"形式构成，其中
   A. 9 和 2 均表示单管的数量   B. 9 和 2 均表示二联管的数量
   C. 9 表示单管的数量，2 表示二联管的数量

D. 9 表示二联管的数量，2 表示单管的数量

E. 9 表示三联管的数量，2 表示二联管的数量

8. 以下活动与微丝无关的是

A. 微绒毛伸缩　　B. 变形虫运动　　C. 分泌小泡的运输

D. 细胞分裂　　　E. 内吞活动

9. 有关微管的描述错误的是

A. 微管为无分支管状结构，由 13 条微管原纤维构成

B. 微管由微管蛋白组成，微管结合蛋白不参与

C. 微管的存在形式有单管、二联管和三联管三种

D. 微管属于动态装配，细胞内由微管构成的结构均不稳定

E. 微管的基本组成单位是 α 和 β 微管蛋白组成的异二聚体

10. 微管聚合时消耗的能量直接来源于

A. 水解 ATP　　　B. 水解 GTP　　　C. 水解 ATP 或 GTP

D. 微管解聚时释放的能量　　　E. 以上都不对

11. 使用秋水仙碱可抑制细胞的有丝分裂并使其停滞于

A. 间期　　　B. 前期　　　C. 中期　　　D. 后期　　　E. 末期

12. 不参与构成细胞连接的细胞骨架成分是

A. 微丝　　　B. 微管　　　C. 中间纤维　　　D. 以上都不参与

E. 以上都参与

13. 下列蛋白质中，属于中间纤维蛋白的是

A. 管蛋白　　B. 肌动蛋白　　C. 肌球蛋白　　D. 波形蛋白　　E. tau 蛋白

14. 分布具有严格组织细胞特异性的细胞骨架蛋白是

A. 微管蛋白　　　B. 肌动蛋白　　　C. 中间纤维蛋白

D. 以上都具备　　　E. 以上都不具备

15. 中间纤维的功能不包括

A. 维持细胞形态　　　　　B. 信号转导　　　C. 出核物质转运

D. 参与细胞运动　　　　　E. 参与细胞分化

二、简答题

1. 简述微管、微丝、中间纤维这三种细胞骨架在化学组成、结构及装配特点上的异同点。

2. 影响微管装配的因素有哪些？分别起什么作用？

3. 什么是微管组织中心？有哪些成员？其结构特点如何？

4. 微丝在细胞内是如何分布的？其分布与功能有何联系？

5. 细胞内调节中间纤维装配的因素是什么？简述一个生理条件下发生的细胞内中间纤维组装/去组装现象。

选择题参考答案：1. A　2. E　3. C　4. D　5. C　6. C　7. D　8. C　9. D　10. B　11. C　12. B　13. D　14. C　15. D

第九章　细　胞　核

一、单选题

1. 下列哪种组蛋白不是构成核小体核心的成分
   A. H1　　　　　B. H2A　　　　C. H2B　　　　D. H3　　　　E. H4
2. central plug 的中文含义
   A. 中央栓　　　B. 中间体　　　C. 中央柱　　　D. 中心粒　　　E. 中心体
3. 下列不属于核仁功能的是
   A. 转录 5S rRNA　　　　　　　　B. 转录 45S rRNA
   C. 核糖体大亚基的装配　　　　　D. 核糖体小亚基的装配
   E. 剪切 45S rRNA
4. 下列不属于亲核蛋白的是
   A. 核糖核蛋白　　B. 组蛋白　　　C. RNA 聚合酶
   D. N-乙酰葡糖胺转移酶　　　　E. 转录因子
5. 核糖体大亚基的装配场所是
   A. 内质网　　　B. 高尔基体　　C. 核仁　　　　D. 核膜　　　　E. 细胞质
6. 关于异染色质的正确叙述是
   A. 螺旋化程度高　　　　　　　　B. 具有较高转录活性
   C. 在 S 期比常染色质先复制　　　D. 位于核中央　　E. 螺旋化程度低
7. 亲核蛋白之所以能通过核孔复合体进入核内，是因为其具有
   A. 核定位信号　　B. 亲水的 N 端　　C. 疏水的 C 端　　D. 多个 α 螺旋结构
   E. 多个 β 折叠结构
8. 常染色质与异染色质的相同点是
   A. 在核内的分布　　　　B. 功能状态　　C. 转录活性
   D. 折叠和螺旋化程度　　E. 化学组成
9. 下列不属于核仁结构的是
   A. 纤维中心　　B. 颗粒组分　　C. 致密纤维组分　　D. 核纤层
   E. 核仁基质
10. 下列组蛋白中，结合在连接 DNA 分子上并参与染色质高级结构形成的是
    A. H1　　　　　B. H2A　　　　C. H2B　　　　D. H3　　　　E. H4
11. 下列不属于核孔复合体结构的是
    A. 胞质环　　　B. 核质环　　　C. 辐　　　　　D. 核纤层　　　E. 中央栓
12. 染色质的基本结构单位是
    A. 染色单体　　B. 袢环　　　　C. 核小体　　　D. 螺线管
    E. 超螺线管
13. 蛋白质合成旺盛的细胞所具有的特点是
    A. 细胞体积明显增大　　　　　　B. 细胞体积明显减小

C. 核仁明显增大　　　　　　D. 核仁明显减小

E. 异染色质比例增加

14. 纺锤体微管与真核细胞染色体结合的蛋白质结构部分称为

A. 端粒　　　B. 动粒　　　C. 中心体　　　D. 着丝粒　　　E. 中心粒

15. 核纤层蛋白属于

A. 微管蛋白　　　B. 中间丝蛋白　　　C. 微丝结合蛋白　　D. 组蛋白

E. 非组蛋白

二、简答题

1. 染色质由哪些物质组成？根据间期细胞核中染色质螺旋化程度及功能状态不同可分为哪几种类型？各有什么特征。

2. 关于核仁，请回答下列问题：

（1）核仁的超微结构包括哪几部分？

（2）在细胞周期的分裂间期与分裂期各阶段，核仁发生的周期性变化及机制是什么？

3. 简述核仁随着细胞周期进程而发生的周期性变化及其原因。

4. 常染色质与异染色质有哪些区别？

5. 描述染色体的一级结构核小体的构成；解释凋亡细胞 DNA 电泳时出现梯状 DNA 图谱与核小体结构的关系。

选择题参考答案：1. A　2. A　3. A　4. D　5. C　6. A　7. A　8. E　9. D　10. A　11. D　12. C　13. C　14. B　15. B

第十章　基因表达及调控

一、单选题

1. mRNA 分子中，翻译的起始信号是

A. AUG　　　B. GAU　　　C. GUA　　　D. UAG　　　E. UGA

2. 核糖体小亚基的功能是

A. 提供 mRNA 结合位点　　　　　B. 提供反密码子识别部位

C. 提供部分 tRNA 结合部位　　　D. 激活转肽酶

E. 以上都不是

3. 在蛋白质合成过程中，氨基酸的激活需要

A. RNA 聚合酶　　　B. DNA 聚合酶　　　C. 氨酰基-tRNA 合成酶

D. 转肽酶　　　　　E. 以上都不对

4. 真核生物 DNA 的复制、转录和蛋白质的合成分别发生在

A. 细胞核 细胞质 核糖体　　　B. 细胞核 细胞核 核糖体

C. 细胞质 核糖体 细胞核　　　D. 细胞质 细胞核 核糖体

E. 细胞核 细胞质 细胞质

5. 下列说法错误的是

A. 一种 tRNA 只能转运一种氨基酸

B. 一种氨基酸可以对应多种密码子

C. 一种氨基酸可以由几种 tRNA 来转运

D. 一种氨基酸只能由一种 tRNA 来转运

E. 新的氨基酸是加在核糖体的 A 位上

6. 所谓遗传密码子，实际上是

A. DNA 的碱基序列　　　　　　B. mRNA 的碱基序列

C. tRNA 的碱基序列　　　　　　D. rRNA 的碱基序列

E. 以上都不对

7. 肽链的合成与下列哪种物质无关

A. 转肽酶　　B. mRNA　　C. 氨基酰-tRNA　　D. 泛素　　E. GTP

二、简答题

1. 简述核糖体的化学组成，并说明其在原核细胞与真核细胞化学组成上的差异。

2. 简述蛋白质生物合成的过程。

3. 以分泌蛋白质的合成为例，简述细胞的整体性。

选择题参考答案：1. A　2. A　3. C　4. B　5. D　6. B　7. D

第十一章　细胞分裂与细胞周期

一、单选题

1. 减数分裂第一次分裂前期中，同源非姐妹染色单体发生 DNA 片段交换导致基因重组发生在

A. 细线期　　B. 偶线期　　C. 粗线期　　D. 双线期　　E. 终变期

2. 减数分裂的最主要特点是

A. 纺锤体形成　　　　　　　　B. 重组结的出现

C. DNA 复制一次，细胞分裂两次　　D. 联会复合体的形成

E. 交叉互换现象

3. 在生殖细胞减数分裂过程中，细胞内同源染色体分离，移向细胞两极发生在

A. 前期Ⅰ　　B. 后期Ⅱ　　C. 中期Ⅰ　　D. 后期Ⅰ　　E. 末期Ⅰ

4. 姐妹染色单体分离并移向细胞的两极发生在有丝分裂的

A. 前期　　B. 前中期　　C. 中期　　D. 后期　　E. 末期

5. 特别适合于进行染色体数目结构等细胞遗传学研究的有丝分裂阶段是

A. 前期　　B. 前中期　　C. 中期　　D. 后期　　E. 末期

6. 重组结最早被观察到的时期是在第一次减数分裂过程前期的

A. 细线期　　B. 偶线期　　C. 粗线期　　D. 双线期　　E. 终变期

7. 细胞周期中 DNA 聚合酶大量合成发生在

A. G_0 期　　　B. G_1 期　　　C. S 期　　　D. G_2 期　　　E. M 期

8. 细胞周期中，DNA 合成是在

A. G_1 期　　　B. S 期　　　C. G_2 期　　　D. M 期　　　E. G_0 期

9. 人体的红细胞属于

A. 周期性细胞　　B. 暂不增殖细胞　　C. G_1 期细胞　　D. 终末分化细胞　　E. 干细胞

10. 可作为成熟促进因子 MPF 成分之一的周期蛋白是

A. Cyclin A　　　B. Cyclin B　　　C. Cyclin D　　　D. Cyclin E　　　E. Cdk1

11. 微管蛋白合成的高峰在

A. G_1 期　　　B. S 期　　　C. G_2 期　　　D. M 期　　　E. G_0 期

12. 关于限制点（R 点），下列哪项不正确

A. 是 G_1 期的控制点

B. 由多种物质因素和条件共同组成

C. 负责监测细胞是否做好进入 S 期的物质准备

D. 通过 R 点的细胞将继续增殖

E. 负责监测 DNA 是否复制完毕

13. 人体肝实质细胞属于

A. 分裂细胞　　B. 暂不增殖细胞　　C. G_1 期细胞　　D. 终末分化细胞

E. 干细胞

14. 细胞周期是指

A. 细胞从一次细胞分裂开始到下一次分裂开始所经历的过程

B. 细胞从一次细胞分裂开始到下一次分裂结束所经历的过程

C. 细胞从一次细胞分裂结束到下一次分裂开始所经历的过程

D. 细胞从一次细胞分裂结束到下一次分裂结束所经历的过程

E. 以上均不对

15. 细胞周期的长短主要取决于

A. G_0 期　　　B. G_1 期　　　C. S 期　　　D. G_2 期　　　E. M 期

二、简答题

1. 什么叫细胞周期检查点？试举例说明。

2. 减数分裂前期 I 各时期主要特点是什么？

3. 何谓细胞周期？包括哪几个阶段？请简述细胞周期各阶段的主要特点。

4. 简述调控细胞周期的因素及作用机制。

5. 根据增殖情况，细胞可分为哪三类？特点如何？并举例说明。

选择题参考答案：1. C　2. C　3. D　4. D　5. C　6. C　7. B　8. B　9. D　10. B　11. C　12. E　13. B　14. D　15. B

第十二章 细胞信号转导

一、单选题

1. 具有 GTP 酶活性的蛋白质是
   A. G 蛋白耦联受体　　　　B. G 蛋白　　　　C. 鸟苷酸环化酶
   D. 蛋白激酶 A　　　　　　E. 酪氨酸激酶受体
2. 以简单扩散方式从一个细胞输送到另一个细胞的信息分子为
   A. cAMP　　B. IP_3　　C. NO　　D. Ca^{2+}　　E. DAG
3. 与配体结合后直接行使酶催化功能的受体是
   A. 生长因子受体　　　　　B. 离子通道受体
   C. G 蛋白耦联受体　　　　D. 核受体　　　　E. PKC
4. 信号转导的特征一般不包括
   A. 一过性和记忆性　　　　B. 暂时性和可逆性
   C. 转导通路的连贯性　　　D. 特异性和遗传性
   E. 专一性和信号的放大效应
5. 蛋白激酶的作用是使蛋白质或酶
   A. 脱磷酸　　B. 磷酸化　　C. 水解　　D. 合成　　E. 激活
6. IP_3 与相应受体结合后，可使胞质内哪种离子浓度瞬间升高
   A. K^+　　B. Na^+　　C. HCO_3^-　　D. Ca^{2+}　　E. Mg^{2+}

二、简答题

1. 何谓细胞内信使？主要有哪几种？
2. 何谓细胞的信号转导？其基本过程及主要特点有哪些？
3. 膜受体分几种？各有何特点？
4. 简述三聚体 G 蛋白的种类及作用机制。
5. 第二信使有哪些物质，它们各在何种信号转导通路中发挥作用？

选择题参考答案：1. B　2. C　3. A　4. D　5. B　6. D

第十三章 细胞分化

一、单选题

1. 人体中下列何种细胞寿命接近人体本身
   A. 口腔上皮细胞　　　B. 肝细胞　　　C. 神经细胞　　　D. 红细胞
   E. 以上都不是
2. 全能性最高的细胞是
   A. 早期胚胎细胞　　　B. 卵母细胞　　　C. 精子
   D. 受精卵　　　　　　E. 精原细胞

3. 细胞分化的实质是

A. 基因组的改变　　　　　　　B. 基因的差异表达（或选择性表达）

C. 原癌基因的激活　　　　　　D. 细胞亚显微结构的变化

E. 结构蛋白的合成

4. 克隆羊"多莉"的诞生，验证了下列哪种说法

A. 已分化的细胞可以去分化　　B. 已分化的细胞可以转分化

C. 细胞核的全能性　　　　　　D. 细胞分化的稳定性

E. 细胞分化的可逆性

5. 关于细胞分裂与分化，错误的是

A. 细胞不可能只分化不分裂　　B. 细胞分化发生于 G_1 期

C. 分裂快的细胞分化也快　　　D. 分化程度越高的细胞分裂频率越低

E. 一个细胞分裂所产生的两个子细胞，其分化程度可能不一致

6. 在个体发育中，细胞分化的规律是

A. 单能细胞—多能细胞—全能细胞　B. 全能细胞—多能细胞—单能细胞

C. 全能细胞—单能细胞—多能细胞　D. 单能细胞—全能细胞—多能细胞

E. 以上都不对

二、简答题

1. 影响细胞分化的因素有哪些？请简要说明。

2. 细胞分化的基本特点有哪些？

3. 为什么说细胞分化的实质是基因差异性表达的结果？如何用实验证明这一观点？

选择题参考答案：1. C　2. D　3. B　4. C　5. C　6. B

第十四章　细胞的衰老与死亡

一、单选题

1. 细胞衰老时不应该出现

A. DNA 氧化　　B. DNA 交联　　C. 甲基化程度降低

D. 甲基化程度升高　　　　　E. 端粒 DNA 丢失

2. 细胞坏死时不应见到

A. 核浓缩　　　B. 核碎裂　　　C. 溶酶体融合　　D. DNA 降解

E. 细胞质外溢

3. 关于凋亡小体，下列描述不正确的是

A. 被生物膜包裹　B. 内含细胞器　C. 内含核碎片　D. 同时含有细胞器和核碎片

E. 既无细胞器也无核碎片

4. 凋亡细胞特征性的"DNA 梯状条带"形成，主要相关因素是

A. 内源性核酸内切酶　　　　　B. 胱天蛋白酶　　　C. 分裂素

D. 钙蛋白酶　　　　　　　　　E. 以上都不对

5. 线粒体通过下述哪种机制参与细胞凋亡

A. 产生活性氧介质　　　　　　B. 线粒体渗透转变孔通透性增加

C. 呼吸链受损　　　　　　　　D. 细胞色素 c 释放

E. 以上都不对

6. 细胞凋亡与细胞坏死主要区别在于

A. 死亡的原因、死亡的过程　　B. 死亡的原因、死亡的过程及死亡的反应

C. 死亡的原因　　　　　　　　D. 死亡的过程　　　E. 死亡的反应

7. 下述哪种不是细胞衰老学说

A. 衰老基因在特定的时空有序地开启

B. 自由基的动态平衡破坏　　　C. 细胞内吞作用减弱

D. 当端粒长度缩短到一定阈值时　E. 代谢废物堆积

8. 目前认为，自身免疫性疾病与下述哪种细胞不及时或不足量凋亡有关

A. T 淋巴细胞　　B. 中性粒细胞　　C. 巨噬细胞　　D. 成熟 B 淋巴细胞

E. 单核细胞

二、简答题

1. 简述细胞凋亡与死亡的区别。

2. 何谓海弗利克（Hayflick）极限？主要内容是什么？

3. 细胞衰老的形态学变化有哪些？

4. 简述胱天蛋白酶在细胞凋亡中的作用。

5. 试述线粒体与细胞凋亡的关系。

选择题参考答案：1. D　2. C　3. E　4. A　5. E　6. B　7. C　8. A

第十五章　干　细　胞

一、单选题

1. 干细胞是一类保持旺盛分裂能力，将来可以分化成不同组织细胞的细胞群，在高等动物胚胎发育过程中，不能作为胚胎干细胞来源的是

A. 受精卵　　　　B. 卵裂期细胞　　C. 囊胚期细胞　　D. 原肠胚期细胞

E. 以上都不能

2. 下列人体细胞中分化程度最低的是

A. 胚胎干细胞　　B. 造血干细胞　　C. 胰腺细胞　　　D. 肌肉细胞

E. 神经细胞

3. 出生后人类造血干细胞主要来源于

A. 肝　　　　　　B. 淋巴结　　　　C. 胸腺　　　　　D. 骨髓　　　　　E. 脾

4. 下列关于干细胞的叙述正确的是

A. 干细胞是一类具有自我更新和分化潜能的细胞，能产生一种以上类型的特化细胞

B. 干细胞不具有分裂增殖能力，但它能产生一种以上专业细胞

C. 在胚胎发育过程中，具有分裂增殖能力，但它不能分化产生专业细胞

D. 干细胞中端粒酶的活性随干细胞的进一步分化而逐渐增高

E. 通常干细胞为圆形或椭圆形，体积较大，核质比也相对较大

5. 下列哪种现象是干细胞的去分化

A. 神经干细胞转变为神经胶质细胞　　B. 神经干细胞转变为神经元

C. 神经干细胞转变为造血细胞　　　　D. 造血干细胞转变为肌细胞

E. 造血干细胞转变为胚胎干细胞

二、简答题

1. 简述干细胞的概念及分类。

2. 简述干细胞的生物学特征。

3. 试述胚胎干细胞及成体干细胞的应用前景。

选择题参考答案：1. D　2. A　3. D　4. A　5. E

第十六章　细胞工程（自学）

一、单选题

1. 细胞融合又称

A. 体细胞培养　　B. 细胞并合工程　　C. 细胞拆合工程

D. DNA 重组　　　E. 染色体操作

2. 动物细胞培养的必需条件不包括

A. 无菌、无毒的环境　　　　　　B. 适宜的温度和 pH

C. CO_2 等气体环境　　　　　　D. 适宜的光照条件

E. 合适的培养基

3. 制备单克隆抗体所采用的细胞工程技术包括以下哪项：①细胞培养；②细胞融合；③胚胎移植；④细胞核移植

A. ①②　　B. ①③　　C. ②③　　D. ③④　　E. ①④

4. 下列不属于细胞核移植应用的是

A. 细胞治疗　　　B. 异种器官移植

C. 核移植科普图　D. 克隆动物　　　E. 基因转染

二、简答题

1. 什么叫细胞工程？

2. 简述细胞工程的分类及主要相关技术。

3. 简述细胞工程的主要应用。

选择题参考答案：1. B　2. D　3. A　4. E